Ulrich Nagel

Nachtragsmanagement in Bauprojekten -Teil 1

Nachträge begründen und das zutreffende Vergütungsniveau bestimmen

Ulrich Nagel

Nachtragsmanagement in Bauprojekten

Teil 1

Nachträge begründen und das zutreffende Vergütungsniveau bestimmen

FSC
www.fsc.org
MIX
Papier aus verantwortungsvollen Quellen
Paper from responsible sources
FSC® C105338

Bibliografische Information der Deutschen Nationalbibliothek: Die Deutsche Nationalbibliothek verzeichnet diese Publikation in der Deutschen Nationalbibliografie; detaillierte bibliografische Daten sind im Internet über http://dnb.dnb.de abrufbar.

Verlag: BoD · Books on Demand GmbH, Überseering 33, 22297 Hamburg, bod@bod.de

Druck: Libri Plureos GmbH, Friedensallee 273, 22763 Hamburg

ISBN: 978-3-6963-5351-3

Haftungsausschluss:
Dieses Buch wurde mit Sorgfalt erarbeitet. Trotzdem können weder Verlag noch Autor für Probleme oder Verluste bei der Anwendung der Vorschläge haftbar gemacht werden. Es sind stets die aktuellen Rechtsquellen zu verwenden und im Zweifel ist eine kompetenter Rechtsanwalt zu konsultieren.

Inhaltsverzeichnis

Vorbemerkung: Das Rechtsumfeld

Auch wenn Bauprojekte noch so sorgfältig geplant werden, gibt es häufig Abweichungen zwischen der geplanten Leistung und der Ausführung. Das betrifft einmal das eigentliche Bauwerk als auch die Umstände unter denen gebaut wird. Die Ursachen für die Abweichungen können unabhängig vom Willen der Vertragspartner sein (z. B. unerwartete Witterungsbedingungen, Bodenfunde oder verdeckte Schäden bei Sanierungsobjekten) oder auch auf Veranlassung des Auftraggebers entstehen (z. B. geänderte Vorstellungen zum Materialeinsatz oder zur Funktion, Unterbrechungen aufgrund fehlender Entscheidungen).

In jedem Fall ändert sich damit für den Auftragnehmer das vertraglich vereinbarte „Bau-Soll". Dies kann unbedeutend für die Bauzeit und die Vergütung sein (z. B. geringfügige Änderungen der Farbgebung vor Ausführung) oder auch so erheblich sein, dass der Auftragnehmer daraus Ansprüche auf zusätzliche Vergütung und zusätzliche Bauzeit hat. In der Baupraxis werden diese Ansprüche häufig als „Nachträge" bezeichnet. Dieser Begriff ist für die Kalkulation zu allgemein. Besser müsste z. B. von

- Mehr- und Minderleistung,
- zusätzlicher Leistung,
- Wegfall von Leistungen,
- hindernden Umständen

gesprochen werden. So wird in diesem Buch zunächst der Begriff „Nachtrag" als Sammelbegriff für Ansprüche des Auftragnehmers aus Änderungen der vertraglich vereinbarten Leistung verwendet. In der praktischen Umsetzung der hier unterbreiteten Vorschläge sollten jedoch die genaueren Bezeichnungen, die sich auch im Werkvertragsrecht wieder finden, verwendet werden.

Dieses Buch und die Teile 2 und 3 sind als Einführung in das

- Begründen,
- Erkennen,
- Ankündigen und
- Berechnen

von Nachtragsforderungen gedacht.

Es baut auf den Regelungen des deutschen Werkvertragsrechtes auf. Da durch die Umsetzung der europäischen Richtlinien zum Verbraucherschutz zwischen dem „Geschäftsverkehr zwischen Kaufleuten" und Verträgen mit dem „Verbraucher" unterschieden werden muss, setzt sich dies auch im Nachtragsmanagement fort. Überall dort, wo in diesem Buch Regelungen der VOB/B herangezogen werden, setzt dies die Vereinbarung der VOB/B als Allgemeine Geschäftsbedingungen (AGB) voraus. Dies wird in Verträgen mit dem „Verbraucher" zum überwiegenden Teil gerade nicht der Fall sein. Deshalb werden diese Besonderheiten zusätzlich behandelt.

<table>
<tr><td rowspan="3">BGB
Allgemeiner Teil</td><td>Rechtsgeschäfte (§§ 104 ff)</td><td rowspan="3">alle Auftraggeber</td></tr>
<tr><td>Verjährung (§ 194 ff)</td></tr>
<tr><td>Sicherheitsleistung (§§ 232 ff)</td></tr>
</table>

+

<table>
<tr><td rowspan="8">BGB
Schuldverhältnisse</td><td>Inhalt der Schuldverhältnisse (§§ 241 ff)</td><td rowspan="6">alle Auftraggeber</td></tr>
<tr><td>Recht der AGB (§§ 305 ff)</td></tr>
<tr><td>Schuldverhältnisse aus Verträgen (§§ 311 ff)</td></tr>
<tr><td>Kauf (§§ 433 ff)</td></tr>
<tr><td>Werkvertrag – allgemein (§ 631 bis § 650) - Kap. 1</td></tr>
<tr><td>Werkvertrag – Bauvertrag (§ 650 a bis 650 h) – Kap. 2</td></tr>
<tr><td colspan="2">Werkvertrag – Verbraucher<u>bau</u>vertrag (§§ 650 i ff) – Kap. 3 (nur Verbraucher beim SF-Bau)</td></tr>
<tr><td colspan="2">Werkvertrag – Abweichende Vereinbarungen (§ 650 o)</td></tr>
</table>

Alle hier aufgeführten Teile des BGB sind z.T.

- **dispositives Recht**: durch Vertrag veränderbar, wenn nicht durch Vertrag geregelt gilt dieses Recht als „gesetzliches Leitbild“ und z.T.
- **zwingendes Recht**: auch wenn die Vertragsparteien im Vertrag davon abweichen ist diese Vereinbarung unwirksam, in den einzelnen Paragrafen ist dies im Regelfall direkt angegeben; z.B. in § 650 f (neu) *„(7) Eine von den Absätzen 1 bis 5 abweichende Vereinbarung ist unwirksam.“* Bei Vereinbarung der VOB/B als AGB gilt das „zwingende Recht“ immer zusätzlich.

Zwingendes Recht ist z.B.:

- BGB §§ 134, 138 schreiben eine zwingende Nichtigkeit eines Rechtsgeschäfts bei einem Gesetzesverstoß bzw. einer Sittenwidrigkeit vor.
- Nichteinhaltung einer Formvorschrift gem. BGB § 125.
- verschweigt der Verkäufer einen Mangel arglistig, so ist ein Ausschluss der Gewährleistung gem. BGB § 476 zwingend nichtig,
- Ausschluss des Auftragnehmers eine „Bauhandwerkersicherung“ zu verlangen (früher BGB § 648a ab 1.1.2018 BGB § 650 f)

Verbraucher:

BGB § 13 Verbraucher
Verbraucher ist jede natürliche Person, die ein Rechtsgeschäft zu Zwecken abschließt, die überwiegend weder ihrer gewerblichen noch ihrer selbständigen beruflichen Tätigkeit zugerechnet werden können.

Rechtsrahmen in Abhängigkeit vom Auftraggeber

alle Auftraggeber		zusätzlich beim **Verbraucher**	
alle „Werke“	**Bauwerke + Außenanlagen**	**einzelne Gewerke**	**neues Gebäude oder erhebliche Umbaumaßnahmen**
▼	▼	▼	▼
Schuldrecht + Werkvertrag nach BGB § 631 bis § 650 **+**	**Bauvertrag nach BGB § 650 a - h** **+**	**Verbraucherrechterichtlinie** (seit 2014) **+**	**Verbraucher-<u>bau</u>vertrag BGB § 650 i-n**
(außer Sonderregelungen bei Vereinbarung der VOB/B)		**keine VOB/B**	

überwiegend ALT geändert § 632a, § 640	**Erweiterung** überwiegend NEU z.T. geänderte Systematik: z.B. Bauhandwerkersicherung nun § 650f

Bei Vereinbarung der VOB/B als AGB gibt es Überschneidung von BGB und VOB/B (mit unvollständig aufgeführten Beispielen in Klammern).

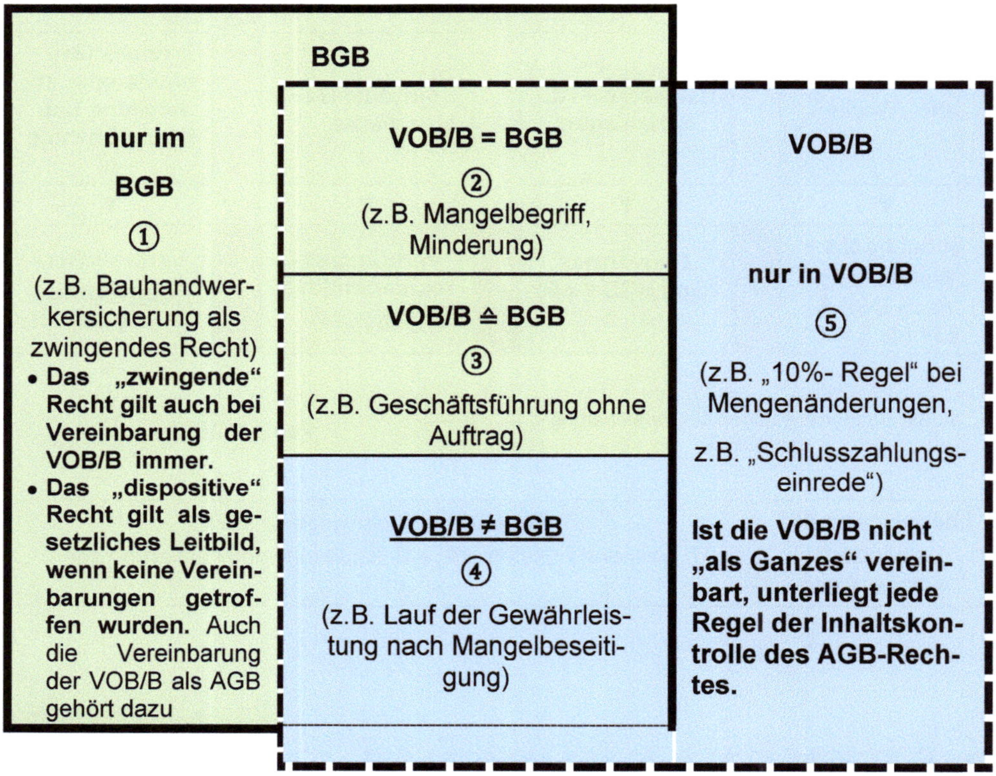

Das Schema zur Überschneidung von VOB/B und BGB ist wie folgt zu lesen:

Feld ①

Sachverhalte, die nur im BGB geregelt sind, gelten in allen Bauverträgen, unabhängig davon, ob die VOB/B als AGB vereinbart wurde oder nicht.

Feld ②

Die Regelungen im BGB und in der VOB/B sind identisch. Eine Diskussion darüber, ob die VOB/B als AGB vereinbart wurde oder nicht, erübrigt sich.

Feld ③

In BGB und VOB/B sind sinngemäß die gleichen Inhalte fixiert. Sie unterscheiden sich eventuell im Sprachgebrauch. In der Tagespraxis ist eine Unterscheidung zwischen BGB- und VOB/B-Regelung im Regelfall nicht notwendig.

Feld ④
Wenn die VOB/B „als Ganzes“ vereinbart wurde, gelten die Regelungen der VOB/B und nicht die im BGB. Wurde die VOB/B nicht als Ganzes vereinbart, unterliegen die Regelungen der VOB/B der Inhaltskontrolle des Rechtes der Allgemeinen Geschäftsbedingungen (BGB §§ 305 ff). Sind sie danach unwirksam, gelten die Regelungen des BGB. Durch die ab 1.1.2018 geltenden Regelungen zum BGB wurde dieses Feld wieder größer

Feld ⑤
Wenn die VOB/B „als Ganzes“ vereinbart wurde, gelten diese Regelungen der VOB/B. Wurde die VOB/B nicht als Ganzes vereinbart, unterliegen diese Regelungen der VOB/B der Inhaltskontrolle des Rechtes der Allgemeinen Geschäftsbedingungen (BGB §§ 305 ff). Sind sie danach unwirksam, entfallen Sie ersatzlos.

Wenn die VOB/B nicht als AGB vereinbart ist, gelten u.a. einige Regeln zur Nachtragskalkulation nicht:

- Das BGB hat keine 10 % - Klausel wie die VOB/B in § 2 Abs. 3 für Über- oder Unterschreitung des Mengenansatzes.
- Das BGB kennt die „Ausgleichsrechnung“ nach VOB/B in § 2 Abs. 3 Nr. 3 nicht.
- Im BGB wird keine Unterscheidung zwischen Einheitspreisvertrag und Pauschalvertrag vorgenommen (die Begriffe kommen nicht vor).
- Im BGB werden keine „Nebenleistungen“ eines Gewerkes beschrieben.

1 Ursachen für Nachträge und grundsätzliches Vorgehen

Ein Nachtrag ist zunächst für den Auftraggeber subjektiv negativ belegt, da jede Ankündigung oder das Angebot eines Nachtrages für den Auftraggeber ein Signal dafür ist, dass von seinen Idealvorstellungen zum Ablauf oder den Kosten voraussichtlich abgewichen wird. Mitunter entsteht auch der Eindruck, dass seitens der Auftragnehmer durch Nachträge der vereinbarte Preis nachträglich „aufgebessert" werden soll. Um Konflikte nicht entstehen und eskalieren zu lassen, kommt es nicht nur auf das formal richtige Vorgehen an, sondern auch auf die Erläuterung und sachliche Argumentation. Die folgenden Gedanken sind als Anregung für die Argumentation zu verstehen.

Nachträge für	Argumentation (Vorschläge)
Ohne Einwirkung des AG • zwingend notwendige Mehrleistungen • notwendige zusätzliche Leistung	„... auch bei noch so sorgfältiger Planung war das nicht erkennbar..." „... zwingend notwendig um (Mängel) spätere Schäden zu vermeiden"
nicht notwendige Mehrleistung und nicht notwendige zusätzliche Leistung auf Wunsch des Auftraggebers	„... da wir ohnehin auf der Baustelle sind, bekommen Sie es günstiger als bei einem gesonderten Auftrag..."
Mindermenge und Wegfall von Leistungen	„... der Aufwand für (z.B. die Baustelleneinrichtung) reduziert sich nicht." „... Sie haben ggf. Schadenersatzansprüche gegenüber demjenigen, der falsch ausgeschrieben hat; wir bereiten Ihnen das so auf, dass Sie diese ggf. durchsetzen können."
Behinderungen im Bauablauf	„... Sie haben ggf. Schadenersatzansprüche gegen den Verursacher; wir bereiten Ihnen das so auf, dass Sie diese durchsetzen können." „... Sie bekommen von uns Alternativangebote (Beschleunigung oder behinderungsbedingte Mehrkosten), damit Sie die für Sie günstigste Variante wählen können."

Außerdem wird das subjektive Verhältnis zum Auftraggeber das Vorgehen bei der Begründung und Durchsetzung von Nachträgen mit bestimmen.

„Verhältnis“ zum AG	Nachtragshöhe und Durchsetzung	Vorgehen des AN
möglichst keinen Streit	ggf. Verzicht auf einzelne Kostenelemente; Kulanzangebote mit Hinweis auf Verzicht, welche Kosten nicht geltend gemacht werden.	„...wir können und wollen Ihnen nicht mit der Schlussrechnung unangenehme Überraschungen bereiten...“
ein Streit lässt sich nicht vermeiden und wird ggf. sogar gerichtlich ausgetragen	sämtliche Ansprüche geltend machen	Teile der Forderungen als Vergleichsmasse nutzen
- Insolvenz des AG - „...nie wieder für diesen AG arbeiten...“	sämtliche Ansprüche geltend machen	Prüfen ob Schadenersatz oder Nachtrag? (ist auch abhängig vom Vorgehen des Insolvenzverwalters)

Ursachen für Nachträge

Die Ursachen für Nachträge können vor oder nach Vertragsabschluss entstehen. Zu den wesentlichen Ursachen, die vor Vertragsabschluss entstanden sind, gehören vor allem Mängel bei der Planung und Ausschreibung der gewünschten Leistung. Es ist jedoch auch möglich, dass bei noch so sorgfältiger und qualifizierter Planung einzelne notwendige Leistungen nicht erkennbar sind. Das betrifft insbesondere den Baugrund und Bauarbeiten im Bestand. Verdeckte Bauteile können in der Planungsphase mitunter gar nicht freigelegt und damit der Bauaufwand bestimmt werden. In diesen Fällen entstehen ohne Einwirkung des Auftraggebers Leistungsänderungen, die teilweise auch nach Vertragsabschluss entstehen können. Für die spätere Berechnung der Vergütungsansprüche des Auftragnehmers ist es erheblich, ob die Leistungsänderung auf Anweisung des Auftraggebers entstanden ist, oder „sich aus der Baustelle entwickelt“ hat. In der folgenden Tabelle sind die möglichen Änderungen stark vereinfacht dargestellt.

Vor Vertragsabschluss entstanden
Ausschreibungsmängel da Ausschreibender
• zu dumm oder zu faul ist
• bewusst Fehler einbaut bzw. korrupt ist
• **objektiv nicht in der Lage war** - zusätzliche notwendige Leistungen ohne, dass dies mit vernünftigem Aufwand bei Ausschreibung bzw. Vertragsabschluss erkennbar war und **ohne Eingriff des AG** - Mengenänderung ohne, dass dies mit vernünftigem Aufwand erkennbar war und **ohne Eingriff des AG**
„Zwänge“ durch haushaltsrechtliche Grenzen
Politische Prestigeobjekte werden bewusst niedrig in den Kosten geschätzt, um sie realisieren zu können

	Überschneidet sich inhaltlich teilweise mit diesen Ursachen ▼	
Nach Vertragsabschluss entstanden	**ohne** Einwirkung des AG (z.T. durch Geschäftsführung ohne Auftrag)	**durch** Einwirkung des AG, z.B. Anordnung einer Leistung
Vergrößerung des Leistungsumfanges einer bestellten Leistung	X	X
Verkleinerung des Leistungsumfanges einer bestellten Leistung	X	X
Wegfall einer bestellten Leistung	X	X
geänderte Leistungen		X
zusätzliche notwendige Leistungen	X	X
zusätzliche nicht notwendige Leistungen		X
Mehraufwendungen aufgrund geänderter Bauumstände	X	X
angeordnete Beschleunigung		X
Verlangen von Unterlagen (Planungen)		X

Für die Nachtragskalkulation ist es von entscheidender Bedeutung, ob eine Leistung angeordnet wurde

Im Regelfall haben derartige Ursachen Auswirkungen auf die Kosten und den Termin. In der täglichen Praxis ist der Auftragnehmer häufig froh, wenn ihm aufgrund einer Behinderung der Bauarbeiten eine längere Bauzeit zugebilligt wird, und wenn bei Mehrleistungen auch eine höhere Vergütung erzielt wird. Die jeweils andere Wirkung wird häufig vergessen. Im Schriftverkehr wird deshalb zunächst immer „die andere Wirkung“ zumindest „dem Grunde nach“ vorzubehalten sein. Nach Abschluss der Baustelle ist das häufig gar nicht mehr möglich.

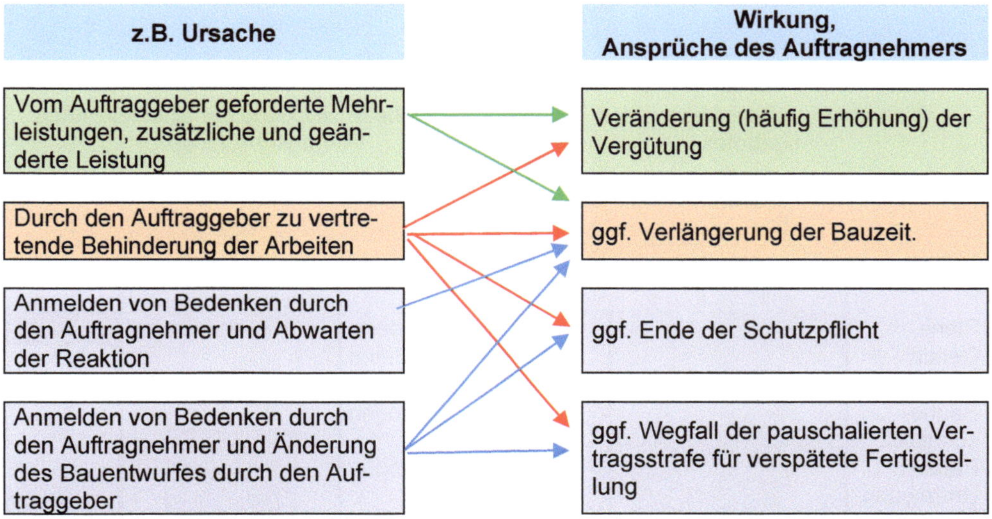

Im Schriftverkehr wird deshalb immer „die andere Wirkung“ zumindest „dem Grunde nach“ vorzubehalten sein.

Grundsatz: Voraussetzung für einen Nachtrag ist die Abweichung des Bau-Ist vom Bau-Soll.

In der praktischen Projektabwicklung von Bauvorhaben ist die die Abweichung des „Bau-Ist“ vom „Bau-Soll“ aus subjektiven und objektiven Gründen als Regelfall anzusehen. Das folgende Bild soll diesen Prozess schematisch darstellen.

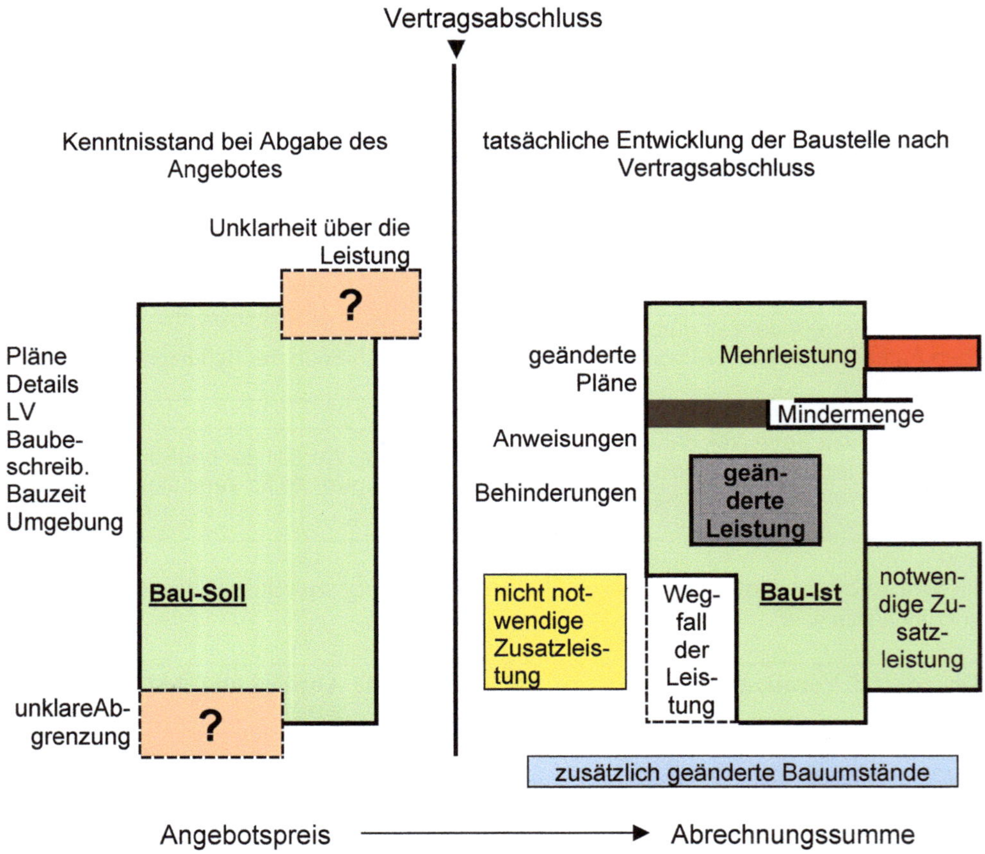

Um diesen Veränderungsprozess zu beherrschen, wird folgendes grundsätzliche Vorgehen empfohlen:

1. „Einfrieren" des Kenntnisstandes bei Angebotsabgabe
(durch Dokumentation)
besser: Unklarheiten durch Rückfragen ausräumen

▼

2. eindeutige Vorgaben für die Baustelle

▼

3. Erkennen der Abweichungen des „Ist" vom „Soll" durch die unmittelbar Beteiligten
(Leistungsänderung und Behinderung der Arbeiten)

▼

4. Ansprüche unverzüglich und formgerecht dem Grunde nach anmelden
(Geld und Zeit)
ggf. auch mit Fristsetzung an den AG

▼

5. Vereinbarung oder Bestimmung des Preisniveaus

▼

6. Bestimmung der konkreten Höhe der Ansprüche

1.1 Wer erstellt die Nachtragsunterlagen? – die „Pauschalierungsfalle“

„Blanke Theorie“? – ab 1.1.2018 nicht mehr!

	BGB-Text § 650 b (ab. 1.1.2018)	**Konsequenzen für die Tagespraxis**
1	*(1) Begehrt der Besteller* *1. eine Änderung des vereinbarten Werkerfolgs (§ 631 Absatz 2) oder*	Er kann sich nach dieser Formulierung um folgende Fälle handeln: • Leistungsänderung insgesamt, • Leistungsänderung im Detail, • zusätzliche nicht notwendige Leistung.
2	*2. eine Änderung, die zur Erreichung des vereinbarten Werkerfolgs notwendig ist,*	• notwendige Leistungsänderung (notwendige zusätzliche Leistung
3	*streben die Vertragsparteien Einvernehmen über die Änderung und die infolge der Änderung zu leistende Mehr oder Mindervergütung an.*	Das „Einvernehmen“ steht zunächst im Vordergrund. Im Streitfall sollte nachgewiesen werden, dass dies zunächst versucht wurde.
4	*Der Unternehmer ist verpflichtet, ein Angebot über die Mehr- oder Mindervergütung zu erstellen, im Falle einer Änderung nach Satz 1 Nummer 1 jedoch nur, wenn ihm die Ausführung der Änderung zumutbar ist. Macht der Unternehmer betriebsinterne Vorgänge für die Unzumutbarkeit einer Anordnung nach Absatz 1 Satz 1 Nummer 1 geltend, trifft ihn die Beweislast hierfür.*	Die Verpflichtung zur Angebotsbearbeitung durch den Unternehmer wird hier unterschieden in • **notwendige** Leistungen (gem. Zeile 2) ► hier muss der Unternehmer ein Angebot unterbreiten. • **Leistungsänderung** (gem. Zeile 1) ► der Unternehmer muss ein Angebot vorlegen, wenn ihm die Leistung zumutbar ist. (zur Zumutbarkeit s.u.)
5	*Trägt der Besteller die Verantwortung für die Planung des Bauwerks oder der Außenanlage, ist der Unternehmer nur dann zur Erstellung eines Angebots über die Mehr oder Mindervergütung verpflichtet, wenn der Besteller die für die Änderung erforderliche Planung vorgenommen und dem Unternehmer zur Verfügung gestellt hat.*	Gab es z.B. ein LV vom Auftraggeber (bzw. seinem Architekten oder Fachplaner) hat dieser auch ein LV für die Änderungswünsche zu erstellen. Gab es Pläne und Detailzeichnungen sind auch die Änderungen durch den AG zu planen.
6	*Begehrt der Besteller eine Änderung, für die dem Unternehmer nach § 650c Absatz 1 Satz 2 kein Anspruch auf Vergütung für vermehrten Aufwand zusteht, streben die Parteien nur Einvernehmen über die Änderung an; Satz 2 findet in diesem Fall keine Anwendung.*	*§650 c Abs. 1 Satz 2* *Umfasst die Leistungspflicht des Unternehmers auch die Planung des Bauwerks oder der Außenanlage, steht diesem im Fall des § 650b Absatz 1 Satz 1 Nummer 2 kein Anspruch auf Vergütung für vermehrten Aufwand zu.* Hatte der Unternehmer die Planung (im weitesten Sinne) übernommen, steht ihm nach dieser Formulierung für die notwendigen (vergessenen Leistungen) keine Vergütung zu. Daraus ergeben sich folgende Konsequenzen: • Wenn der Unternehmer die ursprüngliche Leistung nicht geplant hatte, muss dies deutlich werden, sonst verliert er seinen Vergütungsanspruch. • Plant der Unternehmer, sollte er unbedingt Eventualpositionen in seinem Angebot aufführen, da der Paragraf indirekt eine Pauschalierung enthält.

- Wenn der Auftragnehmer ursprünglich das Angebot auf der Grundlage eines vom AG gestellten LV unterbreitet hat, müsste der AG auch für geänderte und zusätzliche Leistungen ein LV erstellen, in das der AN die Einheitspreise einträgt.
- Wenn der AN ein LV erstellt, obwohl der AG dies machen müsste, „plant" der AN mit der Konsequenz, dass er die Planungshaftung übernimmt und eigentlich die Planung (z.B. auf der Grundlage VOB/B § 2 Abs. 9 Nr. 1) bezahlt bekommen müsste.
- Vergisst der AN in seiner von ihm erstellten Planung notwendige Leistungen erhält er nach der Dogmatik des BGB für die später auszuführende **notwendige** Leistung (Art und Menge) keine Vergütung.

Oder anders dargestellt

BGB § 650b Absatz 1 Satz 1 Nummer 2 *Begehrt der Besteller eine Änderung, für die dem Unternehmer nach § 650c Absatz 1 Satz 2 kein Anspruch auf Vergütung für vermehrten Aufwand zusteht, streben die Parteien nur Einvernehmen über die Änderung an; Satz 2 findet in diesem Fall keine Anwendung.*	►	***BGB §650 c Abs. 1 Satz 2*** *Umfasst die Leistungspflicht des Unternehmers auch die Planung des Bauwerks oder der Außenanlage, steht diesem im Fall des § 650b Absatz 1 Satz 1 Nummer 2 kein Anspruch auf Vergütung für vermehrten Aufwand zu.*

▼

Konsequenzen:

- Wenn der Unternehmer die ursprüngliche Leistung **nicht** geplant hatte, muss dies deutlich werden, sonst verliert er seinen Vergütungsanspruch.
- Plant der Unternehmer, sollte er unbedingt Eventualpositionen in seinem Angebot aufführen, da der Paragraf indirekt eine Pauschalierung enthält.

▼

Vergütung für notwendige aber bei der Planung vergessene Leistungen:

- Bauherr oder sein Architekt haben geplant ► Nachtragsvergütung für der Unternehmer für die notwendige Leistung
- Bauunternehmer hat geplant ► **keine** Vergütung für die notwendige Leistung

Der Ausführung notwendiger Arbeiten konnte sich der Auftraggeber auch bisher kaum entziehen, wenn sein Unternehmen auf diese Arbeiten eingerichtet ist (s.o.). Der Ablauf ist im BGB nahezu rezeptartig beschrieben. Deutlich hervorgehoben sind nun aber die Vergütungsfolgen, je nachdem wer die Planung durchgeführt hat.

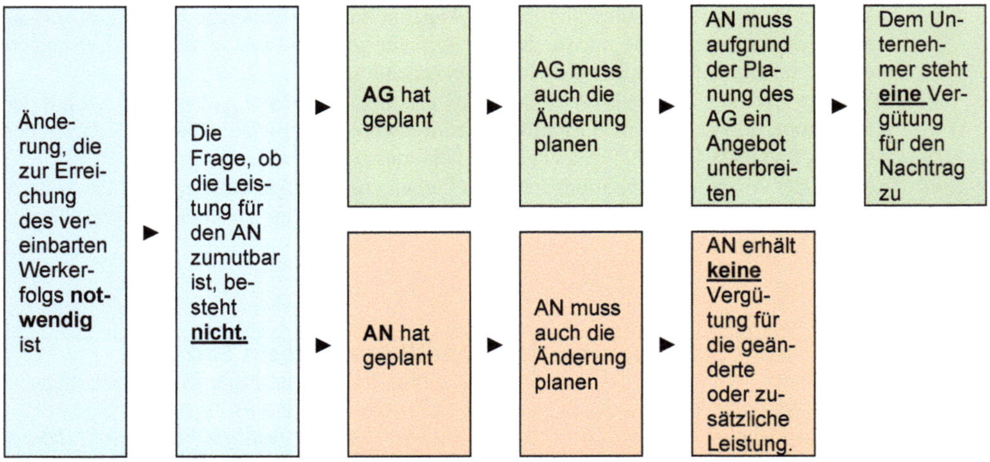

Briefvorschlag (AG hat geplant) Planung des Nachtrages nach dem Verursacherprinzip

Bitte um Erstellung ergänzender Planunterlagen bzw. eines Leistungsverzeichnisses

Sehr geehrte Damen und Herren,
mit Schreiben vom ... / in der Beratung am ... äußern Sie den Wunsch der Änderung des vereinbarten Werkerfolges in Form von ....Die ursprüngliche Planung und Leistungsbeschreibung sind uns von Ihnen zur Verfügung gestellt worden. Wir bitten Sie deshalb hiermit, die für die Änderung erforderliche Planung uns bis zum ... zur Verfügung zu stellen. Wir werden dann unverzüglich ein Angebot über die Mehr- oder Mindervergütung erstellen. Da Sie damit die echte Wahlmöglichkeit haben, entweder die ursprünglich vereinbarte Leistung oder die geänderte Leistung zu verlangen, werden wir bis zum Einvernehmen über die Leistungsänderung und die infolge der Änderung zu leistende Mehr oder Mindervergütung die ursprünglich vereinbarte Leistung nicht ausführen. Ob dieser Vorgang einen Einfluss auf die Bauzeit hat, können wir derzeit nicht abschätzen.

Variante: eigene Mengenermittlung bei möglichen notwendigen Leistungen, die nicht bestimmbar sind.

Angebot mit ausgewählten Eventualpositionen für nicht planbare notwendige Leistungen

Sehr geehrte Damen und Herren,
als Anlage erhalten Sie unser Angebot für folgende Leistungen....
Einige eventuell notwendige Leistungen lassen sich auch bei noch so sorgfältiger Planung nicht von Anfang an genau bestimmen. Das betrifft die Fragen, ob diese Leistungen in Ihrem Auftrag überhaupt notwendig sind und wenn sie notwendig sind, in welchem Umfang. Erst während der Ausführung kann dies bestimmt werden. Wir fügen deshalb eine Liste der Eventualpositionen mit der jeweiligen Positionsmenge „1" bei, die zum Vertragsbestandteil wird. Sollten die darin aufgeführten Leistungen notwendig werden, werden wir Ihnen dies anzeigen und gemeinsam mit Ihnen aufmessen. Die Abrechnung erfolgt durch Multiplikation der tatsächlich ausgeführten Menge mit den angegebenen Einheitspreisen

1.2 Notwendige Beschreibung zum Leistungssoll (im Angebot, im Vertrag, im Nachtrag)

Eine vollständige Beschreibung der Leistungen umfasst die im folgenden Schema dargestellten Elemente.

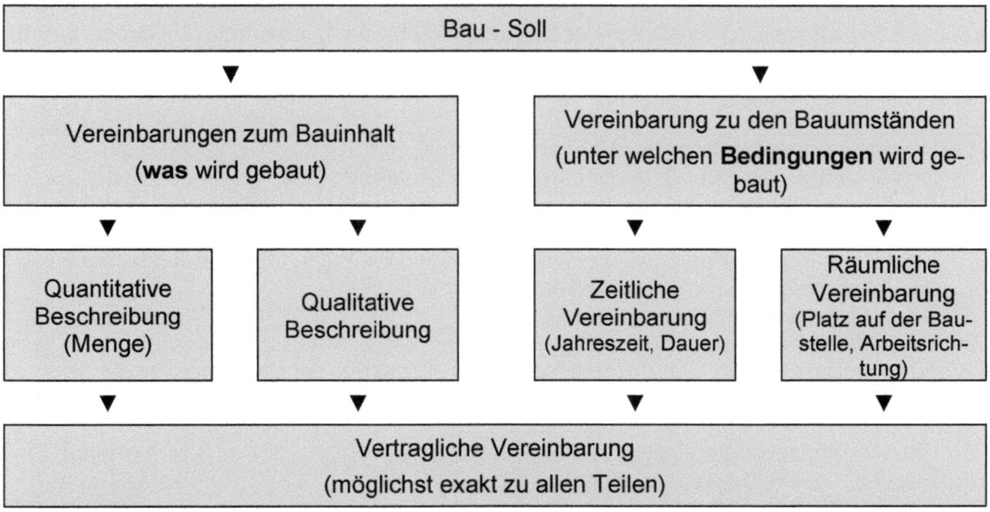

Vergleicht man die Ausschreibungen und Verträge in der Praxis mit diesem Anspruch, muss festgestellt werden, dass viele Ausschreibungen und Verträge zu ungenau bzw. lückenhaft sind. Die daraus resultierenden unterschiedlichen Vorstellungen von Auftraggeber und Auftragnehmer zum Bau-Soll sind die Ursache für häufig sehr umfangreiche Konflikte. Da als Voraussetzung für einen Nachtrag die Abweichung des Bau-Ist vom Bau-Soll ist, gelingt es dem Auftragnehmer nur dann rechtssicher seine Forderungen zu begründen und durchzusetzen, wenn das Bau-Soll im Vertrag definiert ist. In der VOB/B heißt es hierzu:

VOB/B § 1 Art und Umfang der Leistung

1. *Die auszuführende Leistung wird nach Art und Umfang durch den Vertrag bestimmt. Als Bestandteil des Vertrages gelten auch die Allgemeinen Technischen Vertragsbedingungen für Bauleistungen (VOB/C).*
2. *Bei Widersprüchen im Vertrag gelten nacheinander:*
   a) *die Leistungsbeschreibung,*
   b) *die Besonderen Vertragsbedingungen,*
   c) *etwaige Zusätzliche Vertragsbedingungen,*
   d) *etwaige Zusätzliche Technische Vertragsbedingungen,*
   e) *die Allgemeinen Technischen Vertragsbedingungen für Bauleistungen (VOB/C),*
   f) *die Allgemeinen Vertragsbedingungen für die Ausführung von Bauleistungen (VOB/B).*

Es werden hier unterschiedliche Vertragsbestandteile genannt und in Absatz 2 eine Rangfolgeregelung eingeführt, die dem allgemeinen Grundsatz „vom Speziellen zum Allgemeinen" folgt. Oft übersehen wird in diesem Zusammenhang, dass die in Absatz 2 unter a) genannten „Leistungsbeschreibung" unterschiedliche Formen haben kann (z.B. LV, Pläne, Gutachten mit Ausführungsangaben, Muster).

Werden für die Leistungsbeschreibung verschiedene Formen kombiniert, kann es zu Widersprüchen zwischen einzelnen Teilen der Leistungsbeschreibung kommen. Die daraus möglichen Konflikte können durch Individualvereinbarungen reduziert werden. (Beispiel: Auszug aus einem Verhandlungsprotokoll):

Grundlagen und Bestandteile des Vertrages sind:

1. Dieser Vertrag einschl. Verhandlungsprotokoll (Anlage 1) vom: ....
2. Die Baubeschreibung der Bauherren bzw. die für den AN zutreffenden Teile (Anlage 2). Bei Widersprüchen zwischen einzelnen Teilen gilt die in VOB/B § 1 Abs. 2 festgelegte Rangfolge; **vor** das Leistungsverzeichnis und die Pläne tritt die Baubeschreibung des Bauherren als spezieller werkvertraglicher Wille. [1]
3. Das Leistungsverzeichnis (Anlage 3)
4. Die in Anlage 4 aufgeführten Pläne.

Widerspruchsregelung: Bei unterschiedlichen Aussagen im Leistungsverzeichnis und den Plänen gelten die Aussagen in

..

5. Der Vertragsfristenplan vom: .... (Anlage 5)
6. Die VOB, Teil B, neueste Fassung
7. sowie folgende weitere Anlagen: :
   Anlage...

Die Baubeschreibung dient im Zweifelsfall der Auslegung des LV und den anderen Teilen der Leistungsbeschreibung.
Ansonsten gibt es jedoch keine gesetzlich festgelegte Rangfolge bei Widersprüchen zwischen den einzelnen Formen der Leistungsbeschreibung. Da es jedoch nicht ausgeschlossen ist, dass z.B. Widersprüche zwischen Plänen und dem Leistungsverzeichnis auftreten[2], ist es zu Streitvermeidung sinnvoll, durch Individualvereinbarungen eine Rangfolge innerhalb der Gruppe „Leistungsbeschreibung" einzuführen.

[1] insbesondere in Verträgen zwischen BT und GU und GU und SUB

[2] In der Rechtsprechung werden unterschiedliche Rangfolgen von Plänen und Leistungsverzeichnis genannt. Eine grundsätzliche Festlegung ist umstritten.

Unwirksame AGB

Auch bei der Auslegung von Widersprüchen gibt es vielfältige Versuche (insbesondere seitens der Auftraggeber) durch Allgemeine Geschäftsbedingungen das Risiko einseitig auf den Auftragnehmer zu verlagern.

Beispiele für AGB von Auftraggebern zu Widersprüchen zwischen Teilen der Leistungsbeschreibung[3]

Stehen vertragliche Regelungen im Widerspruch zueinander, so ist die für den Auftraggeber günstigste anzuwenden.

Unzulässig
Anmerkung: „Verstoß gegen das Transparenzgebot und Verletzung der Unklarheitenregel des § 305c BGB"

Lassen die Angebotsunterlagen oder sonstige Bestandteile des Angebots nach Meinung des Bieters verschiedene Auslegungen zu, so hat der Bieter dies vor Abgabe des Angebots einwandfrei zu klären, andernfalls verpflichtet er sich, die Auslegung des Auftraggebers anzuerkennen, die billigem Ermessen entsprechen muss.

Unzulässig
Anmerkung: „Die Klausel verstößt gegen § 307 Abs. 1 BGB. Der Vertragspartner (Auftragnehmer) soll hier das Risiko nicht schlüssiger und von ihm nicht beeinflussbarer Vertragsunterlagen tragen. Der Zusatz „billiges Ermessen" heilt die Klausel nicht."

Diese Beispiele sollen zeigen, dass der Versuch einer einseitigen Risikoübertragung durch Allgemeine Geschäftsbedingungen auch hier scheitert, wenn sich der Auftragnehmer qualifiziert wehrt.

---

[3] entnommen aus: Glatzel, Hofmann, Frikell; Unwirksame Bauvertragsklauseln, Vögel Verlag 2010

Für **Verbraucher<u>bau</u>verträge**[4] ist ab 1.1.2018 geregelt:

> ***BGB § 650j Baubeschreibung***
> *Der Unternehmer hat den Verbraucher über die sich aus Artikel 249 des Einführungsgesetzes zum Bürgerlichen Gesetzbuche ergebenden Einzelheiten in der dort vorgesehenen Form zu unterrichten, es sei denn, der Verbraucher oder ein von ihm Beauftragter macht die wesentlichen Planungsvorgaben.*

> ***Änderungen des Einführungsgesetzes zum Bürgerlichen Gesetzbuche***
> ***Art. 249 Informationspflichten bei Verbraucherbauverträgen***
> ***§ 1 Informationspflichten bei Verbraucherbauverträgen***
> *Der Unternehmer ist nach § 650j des Bürgerlichen Gesetzbuches verpflichtet, dem Verbraucher rechtzeitig vor Abgabe von dessen Vertragserklärung eine Baubeschreibung in Textform zur Verfügung zu stellen.*
> ***§ 2 Inhalt der Baubeschreibung***
> *(1) In der Baubeschreibung sind die wesentlichen Eigenschaften des angebotenen Werks in klarer Weise darzustellen. Sie muss mindestens folgende Informationen enthalten:*
> *1. allgemeine Beschreibung des herzustellenden Gebäudes oder der vorzunehmenden Umbauten, gegebenenfalls Haustyp und Bauweise,*
> *2. Art und Umfang der angebotenen Leistungen, gegebenenfalls der Planung und der Bauleitung, der Arbeiten am Grundstück und der Baustelleneinrichtung sowie der Ausbaustufe,*
> *3. Gebäudedaten, Pläne mit Raum und Flächenangaben sowie Ansichten, Grundrisse und Schnitte,*
> *4. gegebenenfalls Angaben zum Energie-, zum Brandschutz- und zum Schallschutzstandard sowie zur Bauphysik,*
> *5. Angaben zur Beschreibung der Baukonstruktionen aller wesentlichen Gewerke,*
> *6. gegebenenfalls Beschreibung des Innenausbaus,*
> *7. gegebenenfalls Beschreibung der gebäudetechnischen Anlagen,*
> *8. Angaben zu Qualitätsmerkmalen, denn das Gebäude oder der Umbau genügen muss,*
> *9. gegebenenfalls Beschreibung der Sanitärobjekte, der Armaturen, der Elektroanlage, der Installationen, der Informationstechnologie und der Außenanlagen.*
> *(2) Die Baubeschreibung hat verbindliche Angaben zum Zeitpunkt der Fertigstellung des Werks zu enthalten. Steht der Beginn der Baumaßnahme noch nicht fest, ist ihre Dauer anzugeben.*

Mit dieser Gliederung zum Inhalt gibt es Überschneidungen mit den grundsätzlichen Informationspflichten aus den bereits bestehenden Verpflichtungen aus der Umsetzung der Verbraucherrechterichtlinie. Aus diesem Grunde wird nach hier vertretener Auffassung empfohlen, auch die in der Verbraucherrechterichtlinie geforderten Angaben zur Baubeschreibung ergänzend einzubringen wenn der Unternehmer die Planung vorgenommen hat. Je nachdem, wer die Leistungsbeschreibung erstellt hat und welchen Charakter der Vertrag hat, entstehen unterschiedliche Konsequenzen und Verpflichtungen für den Auftragnehmer.

[4] SF-Bau oder erhebliche Umbaumaßnahmen

wer hat die Leistungsbeschreibung erstellt?	Charakter der Leistungsbeschreibung	Konsequenzen für den AN hinsichtlich • Leistungsbeschreibung • Prüfungspflicht • Leistungsumfang
AN	Positionen mit Einheitspreisen	Leistungsbeschreibung muss vollständig sein und die Leistung muss durch das LV mangelfrei (anerkannte Regeln der Technik und für die vertraglich vorausgesetzte Verwendung geeignet) beschrieben sein. **notwendige Klärungen (insbesondere, wenn die VOB/B nicht als AGB)** - **Hinweis zur Abrechnung nach Aufmaß zwingend notwendig, da die Formulierungen des BGB eine indirekte Pauschalierung vorsehen**. - Anwendung welcher Aufmassregeln - welche Nebenleistungen sind enthalten - **Eventualpositionen** möglichst vollständig aufführen + eindeutige Leistungsgrenze
AN	pauschale Beschreibung	Unternehmer muss Leistung vollständig und mangelfrei (anerkannte Regeln der Technik eingehalten und für die vertraglich vorausgesetzte Verwendung geeignet) erbringen. - Leistungsgrenzen sollten unbedingt genau beschrieben werden („positive" und „negative" Leistungsabgrenzung möglich) - vereinbarte Beschaffenheit sollte im Vertrag fixiert werden
AG	Positionen mit Einheitspreisen	Prüfungspflicht des AN hinsichtlich offensichtlich unvollständiger und fachlich falscher Leistungsbeschreibungen (Verletzung der anerkannten Regeln der Technik) müssen zwingend bei Angebotsbearbeitung geklärt werden.
AG	pauschale Beschreibung	- Unternehmer muss Leistung vollständig und mangelfrei (anerkannte Regeln der Technik eingehalten und für die vertraglich vorausgesetzte Verwendung geeignet) erbringen - Unklarheiten in der Leistungsgrenze müssen vom Unternehmer bei Angebot / Vertragsabschluss ausgeräumt werden - vereinbarte Beschaffenheit sollte im Vertrag fixiert werden - Abweichungen der vereinbarten Beschaffenheit von den anerkannten Regeln der Technik nur möglich, wenn Leistung nicht schadensträchtig und keine Gefährdung (zwingend Hinweispflicht)

1.3 Liste der Einheitspreise mit der Menge „1“ im Angebot

Erstellt der Unternehmer ein Angebot und „plant“ er dabei (Erstellung eines LV, Abgabe eines Pauschalpreises) steht ihm für vergessene notwendige Leistungen keine Vergütung zu. Insbesondere beim Bauen im Bestand lassen sich die ggf. notwendigen Arbeiten nicht oder nur unzureichend abschätzen, ob sie überhaupt notwendig werden und wenn ja, in welchem Umfang. Deshalb hat es sich in der Praxis bewährt, den einzelnen Leistungsbereichen Listen mit Eventualpositionen beizufügen. Da die Einheitspreise mengenabhängig sind, sollten sehr hohe Einheitspreise angesetzt werden. Selbst für die Situation sehr hoher Einheitspreise hat die Rechtsprechung „Auffanglösungen“ entwickelt.

1.4 Extrem hohe Einheitspreise bei geringen Mengen und bei Eventualpositionen mit der Menge „1“

Viele Jahre tat sich die Rechtsprechung schwer, wie mit sehr hohen Einheitspreisen bei sehr geringen Mengen umzugehen ist, wenn später eine vielfache Menge zur Ausführung kam.

Zunächst muss festgestellt werden, dass der Unternehmer bei sehr kleinen Ausführungsmengen ggf. einen sehr hohen Kostenanteil für Aufwendungen hat, die sich nicht in der einzelnen Arbeit widerspiegeln. Bei sehr geringen Mengen in der Ausschreibung steigen die „Rüstkosten“ (z.B. für Beschaffung, spezielle Werkzeuge) ggf. überproportional. Hier wird der Unternehmer mitunter einen Einheitspreis anbieten, der diese Kosten in absoluter Höhe berücksichtigt und damit überproportional hoch ist. Dies fällt bei der Wertung der Angebote häufig gar nicht auf, wenn das Gesamtangebot einen angemessenen Preis ausweist. Kommt später ein Vielfaches der ausgeschriebenen Menge zur Ausführung, fällt der überhöhte Einheitspreis mitunter so schwer ins Gewicht, dass Streit über die Höhe der Vergütung entsteht. In der Vergangenheit wurde dann mitunter von „Wucher“ oder „verwerflichem Gewinnstreben“ des Unternehmers gesprochen. Erst im Jahre 2013 hat der Bundesgerichtshof eine akzeptable Lösung gefunden[5]. Der Grundgedanke „Verträge sind zu erfüllen“ führt dazu, dass die ausgeschriebene Menge (bzw. bei VOB/B als AGB auch 110% der ausgeschriebenen Menge) zum vereinbarten Einheitspreis abgerechnet werden kann und die darüber hinaus gehende Menge zum ortsüblichen Preis zu vergüten ist.
Als (überzeichnet) extremes Beispiel könnte der Auftrag für das Einsetzen eines einzigen Kunststoffspreizdübels dienen, bei dem An- und Abfahrt mit in den Einheitspreis einzukalkulieren sind. Hier wird es zu einem Einheitspreis kommen, der nicht auf der Grundlage des Aufwandes auf der Baustelle kalkuliert wird, sondern der den Gesamtaufwand für den Auftrag berücksichtigt. Sind nun tatsächlich später 500 Dübel einzusetzen, wäre es nicht angemessen, diesen Einheitspreis beizubehalten. Das folgende Beispiel kann nun wie folgt verstanden werden:

[5] BGH, Urteil vom 14.03.2013 - VII ZR 116/12

Pos.	Menge im Vertrag	Einheitspreis im Vertrag € /Stck	ortsüblicher Einheitspreis € /Stck	notwendige Ausführungsmenge	Abrechnung	
1	**16**	**975**	**42**	**261**	16 Stck für 975 €/Stck (Vertragsmenge zum Vertragspreis)	245 Stck für 42 €/Stck (erhebliche Mehrmenge zum ortsüblichen Preis)

Es war zunächst eine geringe Menge (16 Stück) ausgeschrieben worden. Der vom Bieter eingesetzte Einheitspreis von 975 €/Stück fiel in der Gesamtwertung des Angebotes nicht auf, da die Menge sehr gering war, obwohl der Einheitspreis im Angebot mehr als das 23-fache des ortsüblichen Preises war. Bis zum Jahre 2013 wurde dem Unternehmer „Wucher" vorgeworfen ohne zu berücksichtigen, dass bei Kleinmengen tatsächlich erhebliche Kosten entstehen können. Wenn nun aber (wie im Beispiel) die Ausführungsmenge von 16 auf 261 Stück steigt, ist der Einheitspreis sicher nicht mehr angemessen. Andererseits gibt es den Grundsatz „Verträge sind zu erfüllen". So kam man zu dem Kompromiss, dass die Vertragsmenge zum Vertragspreis abgerechnet werden darf und dem Unternehmer für die darüber hinaus gehende Menge der ortsübliche Preis zusteht. Damit erhält der ortsübliche Preis eine zusätzliche Bedeutung bei Nachtragsstreitigkeiten.

Ein (sehr) guter Preis bleibt (leider) nicht immer sehr gut (aus der Rechtsprechung)

1. Steht die nach § 2 Abs. 6 Nr. 2 VOB/B zu bestimmende Vergütung für im Vertrag nicht vorgesehene Leistungen, die zur Ausführung der vertraglichen Leistung erforderlich werden, in einem auffälligen wucherähnlichen Missverhältnis zu diesen Leistungen, kann die der Preisbildung zu Grunde liegende Vereinbarung sittenwidrig und damit nichtig sein.
2. Beträgt die nach § 2 Abs. 6 Nr. 2 VOB/B zu bestimmende Vergütung nahezu das Achtfache des ortsüblichen und angemessenen Preises, kann ein auffälliges Missverhältnis vorliegen. Ein auffälliges Missverhältnis ist nur dann wucherähnlich, wenn der aufgrund dieses auffälligen Missverhältnisses über das übliche Maß hinausgehende Preisanteil sowohl absolut gesehen als auch im Vergleich zur Gesamtauftragssumme in einer Weise erheblich ist, dass dies von der Rechtsordnung nicht mehr hingenommen werden kann. Unter diesen Voraussetzungen besteht eine Vermutung für ein sittlich verwerfliches Gewinnstreben des Auftragnehmers.
3. An die Stelle der nichtigen Vereinbarung über die Vergütung tritt die Vereinbarung, die Leistungen nach dem **üblichen** Preis zu vergüten. BGH, Urteil vom 07.03.2013 - VII ZR 68/10 [6]

1. Steht die nach § 2 Nr. 3 oder Nr. 5 VOB/B zu bestimmende Vergütung für Mehrmengen oder geänderte Leistungen in einem auffälligen, wucherähnlichen Missverhältnis zur Bauleistung, kann die dieser Preisbildung zu Grunde liegende Vereinbarung sittenwidrig und damit nichtig sein.
2. Beträgt die nach § 2 Nr. 3 oder Nr. 5 VOB/B zu bestimmende Vergütung das 22-fache des üblichen Preises, kann ein auffälliges Missverhältnis vorliegen. Ein auffälliges Missverhältnis ist nur dann wucherähnlich, wenn der aufgrund dieses auffälligen Missverhältnisses über das übliche Maß hinausgehende Preisanteil sowohl **absolut gesehen als auch im Vergleich zur Gesamtauftragssumme** in einer Weise erheblich ist, dass dies von der Rechtsordnung nicht mehr hingenommen werden kann. Unter diesen Voraussetzungen besteht eine Vermutung für ein sittlich verwerfliches Gewinnstreben des Auftragnehmers.
BGH, Urteil vom 14.03.2013 - VII ZR 116/12 [7]

[6] Aus IBR
[7] Aus IBR

Bei Positionen mit wesentlichem Anteil an den Gesamtkosten und Entwicklung der Mehrmenge ohne Zutun des AG („110 %-Regel“ gem. VOB/B § 2 Abs. 3), (Gesamtauftragssumme 500.000,-€)

Beispiel	**Grundlage des Vertrages (netto)**	**tatsächliche Ausführung ohne Zutun des AG (Abrechnung) - netto**
Menge und Einheit	10 m^2	1.000 m^2
Preis je Einheit	100,- €/m^2	
ortsüblicher Preis: 10,- €/m^2		
Die Abrechnung bei konstantem EP (Vertragspreis) würde zu einer Summe von 1.000 m^2 x 100,- €/m^2 = **100.000,- €** führen.		
Bei einem „ortsübliche“ Preis von 10,- €/m^2 würden insgesamt 1.000 m^2 x 10,- €/m^2 = **10.000,- €** entstehen.		
Bezogen auf die Auftragssumme von (z.B.) **500.000,- €** wird die **Differenz von 90.000,- €** als sittenwidrig eingestuft.		
Abrechnung nach 110% -Regel		bis 11 m^2 Menge: 100,- €/m^2 über 11 m^2 Menge: 10,- €/m^2
		11 m^2 x 100,- €/m^2 = 1.100 ,- € + 989 m^2 x 10,- €/m^2 = 9.890,- €
Gesamtpreis		10.990,- €

Dagegen kann bei **„Bagatellpositionen“** ggf. der gute Preis bleiben, wenn er nicht das Gesamtgewicht der Abrechnung verändert (Gesamtauftragssumme 500.000,-€)

Beispiel	**Grundlage des Vertrages (netto)**	**tatsächliche Ausführung ohne Zutun des AG (Abrechnung) - netto**
Menge und Einheit	10 m^2	100 m^2
Preis je Einheit	10,- €/m^2	
ortsüblicher Preis: 1,- €/m^2		
Abrechnung zum Vertragspreis		100 m^2 x 10,- €/m^2 = **1.000,- €**
Die Abrechnung nach der „110%-Regel“ ergäbe		bis 11 m^2 Menge: 10,- €/m^2 über 11 m^2 Menge: 1,- €/m^2
		11 m^2 x 10,- €/m^2 = 110,- € + 89 m^2 x 1,- €/m^2 = 89,- €
Gesamtpreis bei anteiliger Abrechnung nach dem ortsüblichen Preis		**199,- €**
Bezogen auf die Auftragssumme (z.B.) **500.000,- €** wird die **Differenz von 801,- €** nicht als verwerfliches Gewinnstreben eingestuft, da der **„Zusatzgewinn“ 0,16 %** beträgt.		

Aufklärung bei Ausschreibung nach VOB/A (Aufklärung vor Zuschlagerteilung)

Ihr Vorwurf zu einem überhöhten Einheitspreis (Phase Aufklärung vor Zuschlag) hier: Pos. ...

Sehr geehrte Damen und Herren,

Sie werfen uns im Schreiben vom ... / in der Beratung am ... vor, dass wir einen überhöhten Einheitspreis eingebracht haben. Dem widersprechen wir hiermit und begründen dies wie folgt:[1)]

1. Der Leistungsumfang in der betreffenden Position ist so gering, dass wir die Lohnkosten mit einer Einarbeitungskennzahl in Höhe von ... versehen mussten.
2. Die Beschaffungskosten für das Material erhöhen sich überproportional, da aufgrund der geringen Mengen Rabatte nicht gewährt werden/Kleinmengenzuschläge zu zahlen sind.
3. Die Allgemeinen Geschäftskosten erhöhen sich überproportional, da ein unverhältnismäßig hoher Verwaltungsaufwand für die Beschaffung erforderlich ist.
4. Die Position enthält einen überproportional hohen Wagniszuschlag, da ....

Wir hoffen, dass mit dieser Darstellung eine ausreichende Aufklärung erfolgt ist und ein Ausschluss unseres Angebotes nicht erfolgt.
Sollten Sie weitere Informationen zur Preisbildung benötigen, bitten wir um Nachricht vor Zuschlagserteilung an Dritte.

[1)] nicht Zutreffendes streichen

In der Phase der Abrechnung / Reaktion bei unberechtigten Kürzungen des EP

Ihr Vorwurf zu einem überhöhten Einheitspreis / Ihre Kürzung des EP
hier: Pos. ...

Sehr geehrte Damen und Herren,

Sie werfen uns im Schreiben vom ... / in der Beratung am ... vor, dass wir einen überhöhten Einheitspreis eingebracht haben. Dem widersprechen wir hiermit und begründen dies wie folgt:[1)]

1. Der Leistungsumfang in der betreffenden Position ist so gering, dass wir die Lohnkosten mit einer Einarbeitungskennzahl in Höhe von ... versehen mussten.
2. Die Beschaffungskosten für das Material erhöhen sich überproportional, da aufgrund der geringen Mengen Rabatte nicht gewährt werden/Kleinmengenzuschläge zu zahlen sind.
3. Die Allgemeinen Geschäftskosten erhöhen sich überproportional, da ein relativ hoher / unverhältnismäßig hoher Verwaltungsaufwand für die Beschaffung erforderlich ist.
4. Die Position enthält einen überproportional hohen Wagniszuschlag, da ....

Wir bieten Ihnen nun auf der Grundlage der entwickelten Rechtsprechung (s.a. BGH-Urteil vom 14.03.2013 - VII ZR 116/12) an, dass der Vertragspreis für die beauftragte Summe in Ansatz gebracht wird *(oder 110 % der Auftragssumme nach VOB/B § 2 Abs.3)* und die darüber hinausgehende Menge nach ortsüblichen Preisen vergütet wird.

Die Ermittlung des ortsüblichen Preises ist nicht durch eigene persönliche Schätzung des Auftraggebers möglich, sondern es sind möglichst objektive Ausgangswerte und Rechenverfahren anzuwenden.
Wir werden die ortsüblichen Einheitspreise durch indexierte Umrechnung von Vergleichspreisen nach folgender Formel vornehmen

$$\textbf{Preis}_{\text{neu}}\ \textbf{(ortsüblicher Preis)} = \frac{\textbf{Preis}_{\text{alt}} \times \textbf{Index}_{\text{neu}}}{\textbf{Index}_{\text{alt}}}$$

Die Indexwerte ergeben sich aus *(z.B. Indexreihe des statistischen Landesamtes für ...)*.
Der zugrunde zu legendes „**Preis** $_{\text{alt}}$“ wird aus der Sammlung ... entnommen.

1) nicht Zutreffendes streichen

2 Angebotsabgabe

Der Wille, ein Bauvorhaben realisieren zu lassen, kann auf vielfältige Art und Weise durch den Auftraggeber bekannt gemacht werden. Das beginnt beim direkten Anrufen oder Anschreiben potenzieller Unternehmer und reicht bis zur öffentlichen Ausschreibung in der Presse und in Ausschreibungsportalen im Internet. Der private Auftraggeber ist hier völlig frei, wie er sich verhält. Öffentliche Auftraggeber und eine Vielzahl von Auftraggebern, die staatliche Monopolstellungen haben oder staatliche Vorzüge nutzen (z.B. Befreiung von Steuerzahlungen aufgrund gemeinnütziger Tätigkeit) müssen sich nach den Ausschreibungs- und Vergaberegeln der Europäischen Union, des Bundes und der Länder richten.[8] Der Unternehmer wird zunächst z.B. auf der Grundlage seiner Auslastung, seiner Marktposition und der Fähigkeit die Aufgabe zu lösen, entscheiden, ob er ein Angebot abgibt. Da in der Phase der Angebotsbearbeitung häufig noch nicht alle für die Preisbildung erheblichen Informationen vorliegen, kommt der Abgrenzung des Kenntnisstandes **(was wusste der Auftragnehmer bei Angebotsabgabe?**) entscheidende Bedeutung zu, um später Nachträge begründen und durchsetzen zu können. Es kann durchaus sein, dass ein Leistungsverzeichnis mit unzutreffenden Mengenangaben verschickt wird, um zunächst ein preisgünstiges Unternehmen zu finden.

2.1 Abgrenzung des Kenntnisstandes im Begleitschreiben zum Angebot

Ist eindeutig klar, welche Unterlagen dem Unternehmer bei der Angebotsbearbeitung zur Verfügung standen (z.B. durch Aufzählung und eindeutige Kennzeichnung der zugeschickten Unterlagen durch den Auftraggeber), sollte dieses Schreiben gut aufbewahrt werden, da es den Kenntnisstand bei Abgabe eines Preisangebotes dokumentiert. Ist dies nicht der Fall, empfiehlt es sich, selbst dem Angebot ein Begleitschreiben beizufügen. Für dieses Begleitschreiben gibt es keine Formvorschrift. Mitunter beschränkt sich der Anbieter auf Floskeln, „...dass er sich über den Auftrag freuen würde...“ oder „...dass eine gute Qualität zugesichert wird...“. Die Möglichkeit der Abgrenzung, welche Leistungen enthalten sind (und welche nicht), sowie die Annahmen zur Kalkulation werden immer noch zu selten genannt. Hat der Auftragnehmer in einem Angebotsbegleitschreiben dargelegt, von welchen Grundlagen er bei seiner Angebotskalkulation ausgegangen ist, und nimmt der Auftraggeber das Angebot an, wird der Inhalt des Angebotsbegleitschreibens gleichzeitig Vertragsbestandteil.

Weicht die spätere Ausführung von den Annahmen im Angebotsbegleitschreiben ab, kann der Auftragnehmer Nachtragsansprüche geltend machen. Die getroffenen Annahmen müssen jedoch realistisch sein und die Annahmen zum „Bauinhalt“ so sein, dass die vertraglich vorausgesetzte Funktion erfüllt und die anerkannten Regeln der Bautechnik eingehalten werden. Besser wäre es eigentlich, Unklarheiten vor Angebotsabgabe aufzuklären. Dies ist aber aus Zeitgründen in der Praxis häufig gar nicht möglich (wenn am Abend vor Angebotsabgabe festgestellt wird, dass Unklarheiten in der Ausschreibung enthalten sind).

---

[8] Regelungen hierzu finden sich u.a. in der VOB/A und den Vergabehandbüchern des Bundes und der Länder.

Im folgenden Beispiel sind einige Textpassagen für ein Angebotsschreiben als Vorschlag zusammengestellt.

Beispiel für ein Begleitschreiben bei Ausschreibung nach VOB/A

Sehr geehrte Damen und Herren, wir übersenden Ihnen beiliegend unser Angebot zu Ihrem Bauvorhaben	**Hinweise hierzu**
Die aufgeführten Leistungen und Mengen wurden von uns auf der Grundlage der Zeichnungen Blatt 1, 2, 3.1 und 3.2 vom 12.11.2020 ermittelt	Schriftblock 1 Grundlagen der Preisermittlung (nicht notwendig bei von Auftraggeber gelieferten LV und Abrechnung nach Einheitspreisen, aber notwendig bei Pauschalverträgen).
Wir haben im Interesse einer eindeutigen Preisbildung folgende Annahmen getroffen: • Halbseitige Sperrung der Straße möglich • ###	Schriftblock 2 Annahmen für Preisermittlung. **Angebotsunterlagen bei Ausschreibungen nach VOB/A nicht ändern. Das würde zum zwingenden Ausschluss führen!**
Sollten Sie unser Angebot nicht berücksichtigen können, bitten wir Sie, entsprechend VOB/A § 19/2 um die Rücksendung unserer Unterlagen innerhalb von 15 Tagen mit Begründung der Nichtberücksichtigung, den Namen des erfolgreichen Bieters sowie die Merkmale und Vorteile seines Angebots.	Schriftblock 4 Begründung der Nichtberücksichtigung - nur bei Auftraggebern, die sich nach VOB/A verhalten müssen

Bei Ausschreibungen nach VOB/A dürfen auf keinen Fall durch die Annahmen die Inhalte der Ausschreibung geändert werden. Dies würde zwingend zum Ausschluss aus dem Vergabeverfahren führen. Das betrifft auch vorgedruckte Klauseln auf Briefbögen (auch auf der Rückseite!). Wenn z.B. ein Unternehmer auf der Rückseite seines Briefbogens eigene Allgemeine Geschäftsbedingungen aufführt und diese stehen im Widerspruch zu den Ausschreibungsunterlagen (und auch zur VOB/B), kann das Angebot ausgeschlossen werden.

Angebote im Geschäftsverkehr (ohne VOB/A)

Während bei Ausschreibungen nach VOB/A aus den Vergabeunterlagen die Zuschlags- und Bindefrist hervorgehen, ist dies bei anderen Ausschreibungen nicht immer klar. Deshalb empfiehlt sich die Angabe einer Frist, bis wann sich der Bieter an das Angebot gebunden fühlt. Nach Ablauf dieser selbst bestimmten Frist kann er, muss aber nicht mehr den Auftrag annehmen.

An dieses Angebot halten wir uns bis zum .... gebunden.	Schriftblock **nicht bei Ausschreibungen nach VOB/A**

Wird die VOB/B nicht als AGB vereinbart, sind die Abgrenzung der Nebenleistungen und die Aufmaßregeln der VOB/C zunächst nicht vereinbart. Sie gelten im Geschäftsverkehr zwar häufig als „Verkehrssitte", es ist jedoch nicht eindeutig geklärt. Deshalb ist eine klärende Feststellung hilfreich:

Aufwendungen für Nebenleistungen nach VOB/C (Fassung .....) sind im Preis enthalten. Nach diesem Regeln wird auch das Aufmaß durchgeführt.	Schriftblock nicht notwendig bei Ausschreibungen nach VOB/A

Hat der Auftraggeber seine Allgemeinen Geschäftsbedingungen (AGB) beigefügt und ist die Urheberschaft nicht eindeutig erkennbar, kann für spätere Auseinandersetzungen die Klärung, von wem die AGB sind, hilfreich sein.

PS. Anbei auch die von Ihnen gestellten Allgemeinen Geschäftsbedingungen unterschrieben zurück.	Bei vom Auftraggeber gestellten Allgemeinen Geschäftsbedingungen deutlich machen, wer Verwender der AGB´s war.

1. Hat der Auftragnehmer in einem Angebotsbegleitschreiben dargelegt, von welchen Grundlagen er bei seiner Angebotskalkulation ausgegangen ist, und nimmt der Auftraggeber das Angebot an, wird der Inhalt des Angebotsbegleitschreibens gleichzeitig Vertragsgrundlage.
2. Weichen die Baugrundverhältnisse von den Annahmen im Angebotsbegleitschreiben ab, kann der Auftragnehmer Nachtragsansprüche geltend machen.

OLG Schleswig, Urteil vom 22.12.2005 - 5 U 55/05, BGH, Beschluss vom 09.11.2006 - VII ZR 12/06

Im Rahmen von öffentlichen Ausschreibungen sind Begleitschreiben bei unklarer Leistungsbeschreibung jedoch mit großer Vorsicht zu genießen! Werden die Verdingungsunterlagen durch das Begleitschreiben abgeändert, stellt dies einen zwingenden Ausschlussgrund dar.

---

1. Das Begleitschreiben des Bieters ist regelmäßig Bestandteil seines Angebots.
2. Die auf der Rückseite des Begleitschreibens abgedruckten Allgemeinen Geschäftsbedingungen (AGB) werden bei Zuschlag in den Vertrag einbezogen.
3. Auch wenn durch die AGB des Bieters keine Änderungen oder Ergänzungen an den Verdingungsunterlagen gemäß § 21 Abs. 1 Nr. 2 VOB/A vorgenommen werden, können die sich nicht deckenden Willenserklärungen nicht zu dem beabsichtigten Vertragsschluss führen.

OLG München, Beschluss vom 21.02.2008 - Verg 1/08; [9]

[9] Aus IBR

Sonderfall „Verbraucher"

Die Rechtsentwicklung ist durch eine ständige Stärkung der Rechte der „Verbraucher" gekennzeichnet. Ist der Auftraggeber ein „Verbraucher" geht die Aufklärungspflicht für den Bieter wesentlich weiter, als im Geschäftsverkehr zwischen am Bau erfahrenen Vertragspartnern. Für die Anwendung der folgenden zusätzlichen Textbausteine gibt es noch wenig praktische Erfahrung. Der Nutzer sollte hier immer vor Verwendung die aktuelle Rechtsentwicklung verfolgen.

Textbausteine für ein Begleitschreiben an den „Verbraucher" bei Angeboten mit vom Auftragnehmer erstellten Leistungsverzeichnis (Einheitspreisangebot)

1. Die im Leistungsverzeichnis angegebenen Mengen wurden von uns nach den gegebenen Möglichkeiten auf der Baustelle ermittelt. Die Abrechnung erfolgt auf der Grundlage der tatsächlich ausgeführten Mengen, die durch ein gemeinsames Aufmaß nachgewiesen werden. Die tatsächlich ausgeführte Menge kann von der in diesem Angebot enthaltenen Menge aufgrund unterschiedlicher Einflüsse abweichen (z.B. aufgrund mangelhafter Erreichbarkeit beim Messen, verdeckten Mängeln, zusätzlicher Anweisungen von Ihnen während der Bauausführung).
2. Einige eventuell notwendige Leistungen lassen sich auch bei noch so sorgfältiger Planung nicht von Anfang an genau bestimmen. Das betrifft die Fragen, ob diese Leistungen in Ihrem Auftrag überhaupt notwendig sind und wenn sie notwendig sind, in welchem Umfang. Erst während der Ausführung kann dies bestimmt werden. Wir fügen deshalb eine Liste der Eventualpositionen mit der jeweiligen Positionsmenge „1" bei, die zum Vertragsbestandteil wird. Sollten die darin aufgeführten Leistungen notwendig werden, werden wir Ihnen dies anzeigen und gemeinsam mit Ihnen aufmessen. Die Abrechnung erfolgt durch Multiplikation der tatsächlich ausgeführten Menge mit den angegebenen Einheitspreisen.
3. Für das Aufmaß unserer Arbeiten werden die in der DIN 18 ###[10] (Kapitel 5) festgelegten Regeln angewendet. Diese Regeln sehen zur Vereinfachung des Aufmaßes ein sogenanntes „Übermessen" von Flächen und Längen, die nicht ausgeführt wurden, vor (z.B. Flächen bis ...., Längen bis ....). Dafür entfallen Preiszulagen (z.B. für das Anarbeiten von Anschlüssen, Ecken und Kanten). Mit den angegebenen Einheitspreisen sind diese Aufmaßregeln hinsichtlich der Höhe und Struktur der Einheitspreise berücksichtigt. Wenn diese Aufmaßregeln nicht angewendet werden ergeben sich etwas höhere Einheitspreise und zusätzliche Positionen (z.B. Zulagen für ....).
4. Mit der Nutzung der Aufmaßregeln der o.a. DIN werden für Sie auch sogenannte „Nebenleistungen" (Kapitel 4 der DIN 18 ###) ohne besondere Berechnung erbracht. Das sind z.B. .... Sollten Sie die Aufmaßregeln, die diesem Angebot zugrunde liegen, nicht wünschen, wären auch die Nebenleistungen gesondert zu berechnen. Falls Sie das Aufmaß aufgrund anderer Regelungen wünschen, bitten wir um Nachricht vor Beauftragung.
5. Unsere Kalkulation setzt die Möglichkeit einer kontinuierlichen Leistungserbringung durch uns ohne Behinderung oder Unterbrechung durch den Auftraggeber voraus.
6. An dieses Angebot halten wir uns bis zum .... gebunden.
7. Wir gestatten uns den Hinweis, dass das von uns erstellte Leistungsverzeichnis dem Urheberrecht unterliegt und eine Weitergabe an Dritte (z.B. zum Einholen weiterer Angebote) nicht zulässig ist.

[10] Hier wird die konkrete Nummer des Gewerkes eingetragen

Neben der Abgrenzung des Kenntnisstandes sind **Vereinbarungen** z.B. zu

- Voraussetzungen für die Arbeiten (Genehmigungen, Baufreiheit),
- Zustand der vorhandenen Bauteile,
- „Handlung“ des AG (Zahlung, Bemusterung, Planbereitstellung usw.)

möglichst in der Phase vor Vertragsabschluss sinnvoll, um späteren Streit zu vermeiden.

2.2 Umgang mit Fehlern in der Ausschreibung und mit unwirksamen AGB

Die komplexe Aufgabe, ein Bauvorhaben in einem Leistungsverzeichnis mit Worten zu beschreiben, kann ungewollt zu Fehlern in der Ausschreibung führen. Der anbietende Unternehmer wird beim sorgfältigen Durcharbeiten das Fehlen von Positionen oder auch nicht zutreffende Mengenansätze finden. Die Ursachen hierfür sind u.a.

- mangelnde Erfahrung und Qualifikation der ausschreibenden Person,
- Zusammenstellung des Leistungsverzeichnisses auf der Grundlage einer unvollständigen Planung,
- bewusst unvollständige Ausschreibung oder bewusst zu geringe Mengenansätze. Ursachen hierfür können Versuche sein, den Unternehmer durch Bildung einer „Pauschale“ zu übervorteilen oder auch bei öffentlichen Auftraggebern eine vorgegebene Kostenobergrenze in der Phase der Vergabe nicht zu überschreiten.

In jedem Falle ist die Aufklärung des Sachverhaltes vor Angebotsabgabe zu bevorzugen. Dies ist jedoch aus Zeitgründen bis zur Abgabe eines Angebotes in der Tagespraxis nicht immer möglich.[11] Es entsteht so die unbefriedigende Situation, dass die Bieter, die auf fehlende Leistungsbestandteile hinweisen und ggf. auch mit kalkulieren, ein höheres Preisangebot abgeben, als „frivol“ kalkulierende Unternehmer, die nur die Preise einsetzen und eine (zumindest grobe) Prüfung der Ausschreibungsunterlagen unterlassen.

Bieter erkennt Fehler im LV[12]

Vorzugslösung ▼	Alternativ ▼
Aufklärung des Sachverhaltes (durch Vorortbegehung, Rücksprache, Einsicht weiterer Unterlagen) + eindeutige Vereinbarungen hierzu bei Vertragsabschluss	Abgabe eines niedrigen Preises mit **Hinweis im Anschreiben** auf die Art der Ausführung und Leistungsabgrenzung (wer alles sorgfältig berücksichtigt bekommt den Auftrag nicht). Die Leistungsabgrenzung ist Grundlage für Nachträge ▼ Ggf. strategischen Preis bilden

[11] Korrigiert das ausschreibende Büro die Ausschreibung muss diese Korrektur noch vor Angebotsende allen Bietern mitgeteilt werden.

[12] nach Speer, U. Bauaufträge mit Gewinn

Über den Umfang der Prüfungspflicht vor Abgabe eines Angebotes gibt es in der Rechtsprechung unterschiedliche Auffassungen. Diese reichen von der Verpflichtung einer groben Plausibilitätsprüfung bis hin zur Verpflichtung des Bieters zu einer detaillierten Prüfung der vorgelegten Unterlagen. So lange vor Vertragsabschluss noch Verhandlungen geführt werden, können in dieser Phase ggf. die Fehler beseitigt und Unklarheiten ausgeräumt werden. Da das Werkvertragsrecht aber auch die Möglichkeit vorsieht, auf der Grundlage des Angebotes direkt den Auftrag zu erteilen, verschiebt sich das Streitpotenzial dann in die Phase der Ausführung (spätestens bei der Abrechnung). Im ungünstigsten Falle muss sich der anbietende Unternehmer später fragen lassen, ob er nicht aufgrund seines Fachverstandes die Fehler erkennen konnte.

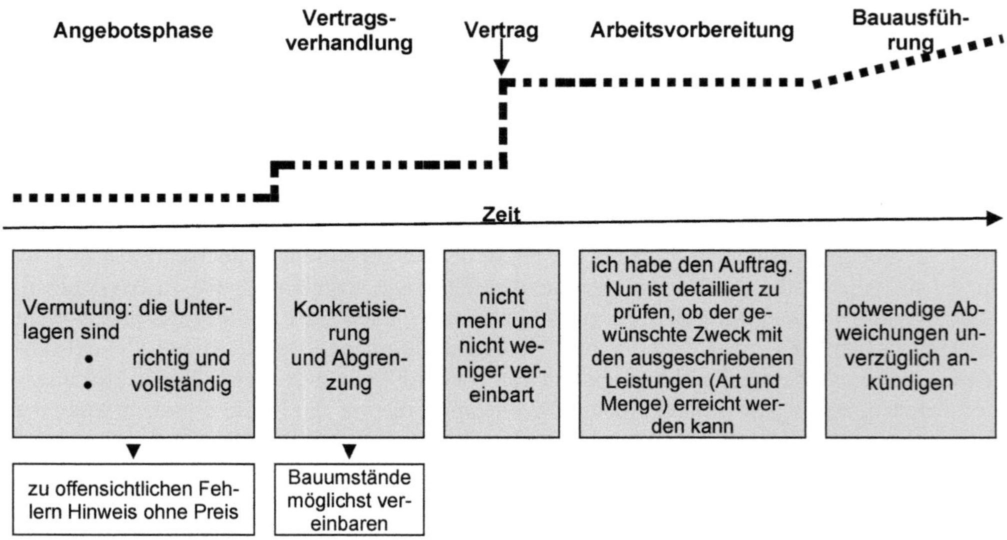

Um die Fehler in der Ausschreibung nicht als Grundlage für Nachträge werden zu lassen, wird immer wieder durch Auftraggeber (bzw. durch die ausschreibenden Büros) versucht, durch gestellte AGB das Risiko aus unvollständigen Ausschreibungen auf die Bieter abzuwälzen. Einige Beispiele aus der Literatur sollen dies verdeutlichen.

Beispiele für AGB des AG[13]

Der Bieter ist verpflichtet, vor Abgabe seines Angebotes sich ein Bild von der Baustelle zu machen.

Zulässig

„Wenn nicht schon ohnehin zur normalen vertraglichen Leistungspflicht des AN zählend, handelt es sich in diesem klar umgrenzten Rahmen um eine keineswegs in ihrem Umfang

[13] entnommen aus: Glatzel, Hofmann, Frikell; Unwirksame Bauvertragsklauseln, Vögel Verlag 2010

und in ihrer Tragweite unklare und darüber hinaus unzumutbare Regelung. Unbedingte Voraussetzung ist allerdings, dass die Baustelle … auch **besichtigungsreif** ist".

Der Bieter wird ausdrücklich angehalten, sich vor Kalkulation des Angebotes von der Situation an Ort und Stelle zu informieren. Nachforderungen aufgrund unberücksichtigter Schwierigkeiten werden grundsätzlich nicht anerkannt.

Unzulässig

„Eine solche Klausel, die spätere Nachforderungen aufgrund unberücksichtigter Erschwernisse generell ausschließen will, ist als bedenklich anzusehen zumal die Haftung des Auftraggebers für ein mitwirkendes Verschulden bei unklaren Angebotsunterlagen ausgeschlossen wird (BGH, Beschluss vom 26. 02. 2004, Az.: VII ZR 96/03;)."[14]

Konsequenzen aus einer der „beliebtesten" unwirksamen AGB

„Sollten einzelne der vorstehenden Bedingungen unwirksam oder aus einem sonstigen Grund nicht anwendbar sein, so bleiben die übrigen Bestimmungen gültig.
Eine unwirksame Bedingung ist durch solche zu ersetzen, die dem gewollten wirtschaftlichen Zweck am nächsten kommt."

BGB § 306	***Rechtsfolgen bei Nichteinbeziehung und Unwirksamkeit*** *(1) Sind Allgemeine Geschäftsbedingungen ganz oder teilweise nicht Vertragsbestandteil geworden oder unwirksam,* ***so bleibt der Vertrag im Übrigen wirksam.***		+	*(2) Soweit die Bestimmungen nicht Vertragsbestandteil geworden oder unwirksam sind,* ***richtet sich der Inhalt des Vertrages nach den gesetzlichen Vorschriften.***
AGB Klausel	„Sollten einzelne der vorstehenden Bedingungen unwirksam oder aus einem sonstigen Grund nicht anwendbar sein, so bleiben die übrigen Bestimmungen gültig.	+	Eine unwirksame Bedingung ist durch solche zu ersetzen, die dem gewollten wirtschaftlichen Zweck am nächsten kommt."	
Wertung	**zulässig**		**unzulässig**	
Konsequenz für den Nachtrag	**ohne**		**Schlechter Preis bleibt schlechter Preis**	**Schlechter Preis wird „angemessener" / auskömmlicher Preis**

[14] entnommen aus: Glatzel, Hofmann, Frikell; Unwirksame Bauvertragsklauseln, Vögel Verlag 2010

3 „Guter Preis bleibt guter Preis und schlechter Preis bleibt schlechter Preis“ gilt nicht mehr – das „Aufbessern“ schlechter Einheitspreise im Nachtrag

Aus der Rechtsprechung (Texte aus IBR)

1. Grundlage des Mehrvergütungsanspruchs aus § 2 Abs. 5 und 6 VOB/B sind die **tatsächlichen Mehr- oder Minderkosten,** die dem Unternehmer aufgrund der Leistungsänderung entstehen.
2. Die Preiskalkulation des Unternehmers ist nur ein Hilfsmittel bei der Ermittlung dieser Kostendifferenz. Im Streitfall kommt es nicht auf die Kosten an, die der Unternehmer in seiner Kalkulation angesetzt hat, sondern auf diejenigen, die ihm bei Erfüllung des nicht geänderten Vertrages tatsächlich entstanden wären.
3. Soweit der Unternehmer die Werkleistung durch einen Nachunternehmer erbringen lässt, liegen seine Mehrkosten in der Mehrvergütung, die er aufgrund einer Leistungsänderung an diesen entrichten muss, solange diese Mehrvergütung marktgerecht ist.
4. Übersteigt die einem Bauunternehmer zugesagte Vergütung die Kosten, die ihm durch die Vertragserfüllung tatsächlich entstehen, so dass er einen Zuschlag zur Deckung seiner allgemeinen Geschäftskosten und seines Gewinns erwirtschaftet, ist bei Ermittlung des Mehrvergütungsanspruchs nach § 2 Abs. 5 und 6 VOB/B der entsprechende Zuschlagsfaktor auch auf die änderungsbedingten Mehrkosten anzuwenden.
5. Auch bei der Ermittlung dieses Zuschlagsfaktors kommt es im Streitfall nicht auf den vom Unternehmer kalkulierten Wert, sondern den Faktor an, der in Anbetracht der tatsächlichen Kosten des Bauvorhabens und der Vergütungshöhe zutreffend ist.
6. Auch wenn die Vergütung des Unternehmers zur Deckung seiner Kosten nicht auskömmlich ist, beläuft sich sein Mehrvergütungsanspruch aus § 2 Abs. 5 und 6 VOB/B stets **zumindest auf seine änderungsbedingten Mehrkosten zuzüglich eines angemessenen Zuschlags zur Deckung seiner allgemeinen Geschäftskosten und seines Gewinns.**
7. Dieser angemessene Zuschlagsfaktor beträgt analog §§ 649 Satz 3 und 648a Abs. 5 Satz 3 BGB a.F. mindestens 100/95 = 20/19 = 1,0526.
8. Für Bauprozesse folgt hieraus: Ein Bauunternehmer hat seinen Mehrvergütungsanspruch aus § 2 Abs. 5 und 6 VOB/B jedenfalls in Höhe eines Sockelbetrages schlüssig dargelegt, wenn er die ihm durch die Leistungsänderung tatsächlich entstandenen Mehrkosten vorgetragen hat. Ist dies geschehen, muss der Unternehmer die Kalkulation seiner Vergütung nicht weiter darlegen.

KG, Urteil vom **10.07.2018** - 21 U 30/17

Kommentierung aus IBR:
Nach § 2 Abs. 5 VOB/B ist bei „Änderungen des Bauentwurfs" ein „neuer Preis unter Berücksichtigung der Mehrkosten" zu vereinbaren. Ausgangspunkt sind dabei somit die Mehrkosten (im Folgenden auch: "Kosten M" oder "M"), die dem Auftragnehmer (AN) durch die Leistungsänderung entstehen. Sie sind zu ermitteln durch einen Vergleich der Kosten, die dem AN bei Ausführung der ursprünglich vereinbarten Leistungen entstanden wären (im Folgenden auch: "Kosten alt", "Kosten A" oder "A"), mit den Kosten, die ihm durch die Leistungsänderung entstehen (im Folgenden auch: "Kosten neu", "Kosten N" oder "N"). **Es gilt also: M = N - A.** Bei den Kosten N handelt es sich um diejenigen Kosten, die dem AN tatsächlich aufgrund der Leistungsänderung entstanden sind, bei den Kosten A um diejenigen, die dem AN tatsächlich entstanden wären, wenn die Leistung nicht geändert worden wäre. Gibt die Kalkulation die tatsächlichen Kosten des AN nicht zutreffend wieder oder besteht hierüber Streit, kommt es für die Ermittlung der Mehrkosten nach der Formel M = N - A **nicht auf die kalkulierten, sondern die tatsächlichen Kosten** an.

Praxishinweis

„Die Zuschläge für AGK, Wagnis und Gewinn liegen in der Praxis deutlich über 5%. Sofern eine Urkalkulation vereinbarungsgemäß hinterlegt wurde, kann der Auftragnehmer gem. § 650c Abs. 2 Satz 1 BGB zur Berechnung der Nachtragshöhe auf die darin enthaltenen Ansätze zurückgreifen. Es wird vermutet, dass die kalkulierten Zuschläge angemessen sind (§ 650c Abs. 2 Satz 2 BGB). Das gilt, wenn man der Auffassung des KG folgt, auch im VOB-Vertrag. Diese Vermutung ist aber widerlegbar." RA Dr. Stephan Bolz, Mannheim

---

Leistungsänderung beim VOB-Vertrag: Kalkulierter Verlust ist betragsmäßig fortzuschreiben![15]

Hat ein Auftragnehmer eine Leistungsposition mit einem geringeren Einheitspreis angeboten, als ihm selbst vom Nachunternehmer angeboten worden ist, so entspricht es dem Grundverständnis von § 2 Abs. 5 VOB/B, diesen kalkulierten Verlust betragsmäßig auf den Preis der geänderten Leistung fortzuschreiben. OLG Hamm, Urteil vom 09.05.2018 - 12 U 88/17

M = (N – A) x Zuschlag
M = Mehrkosten, N = Kosten „neu", A = Kosten „alt"
Zuschlag:

- **mind. 5,26 % (bei Unterdeckung)**
- **oder in kalkulierter Höhe (bei gutem Preis)**

1. Wie die Vergütungsanpassung bei Mengenmehrungen vorzunehmen ist, wenn eine Einigung über den neuen Einheitspreis nicht zustande kommt, ist in § 2 Abs. 3 Nr. 2 VOB/B nicht geregelt. Die Bestimmung gibt nur vor, dass bei der von den Parteien zu treffenden Vereinbarung über den neuen Preis Mehr- oder Minderkosten zu berücksichtigen sind. Die VOB/B legt die Verantwortung für die neue Preisbestimmung, durch die etwaigen Störungen des Äquivalenzverhältnisses entgegengewirkt werden soll, damit in die Hände der Vertragsparteien, die unter Berücksichtigung der geänderten Umstände einen neuen Preis aushandeln sollen.*)

2. Abgesehen von der in § 2 Abs. 3 Nr. 2 VOB/B vorgesehenen Einigung auf einen neuen Einheitspreis können die Vertragsparteien sowohl bei Vertragsschluss für den ungewissen Fall, dass Mengenmehrungen im Sinne dieser Bestimmung eintreten, als auch nachträglich, sobald aufgrund konkret eingetretener Mehrmengen ein neuer Einheitspreis verlangt wird, sich über einzelne Teilelemente der Preisbildung verständigen. Sie können etwa einen bestimmten Maßstab beziehungsweise einzelne Kriterien oder Faktoren festlegen, nach denen im konkreten Fall der neue Einheitspreis nach § 2 Abs. 3 Nr. 2 VOB/B bestimmt werden soll.*)

3. Haben sich die Parteien nicht insgesamt oder im Hinblick auf einzelne Elemente der Preisbildung geeinigt, enthält der Vertrag eine Lücke, die im Wege der ergänzenden Vertragsauslegung gemäß §§ 133, 157 BGB zu schließen ist. Dabei entspricht es der Redlichkeit und dem bestmöglichen Ausgleich der wechselseitigen Interessen, dass durch die unvorhergesehene Veränderung der auszuführenden Leistungen im von § 2 Abs. 3 Nr. 2 VOB/B bestimmten Umfang **keine der Vertragsparteien eine Besser- oder Schlechterstellung erfahren soll.***)

4. Die im Rahmen der ergänzenden Vertragsauslegung vorzunehmende Abwägung der beiderseitigen Interessen der Parteien nach Treu und Glauben ergibt, dass - wenn nichts anderes vereinbart ist - **für die Bemessung des neuen Einheitspreises bei Mehrmengen im Sinne von § 2 Abs. 3 Nr. 2 VOB/B die tatsächlich erforderlichen Kosten zuzüglich angemessener Zuschläge maßgeblich sind.***)

BGH, Urteil vom 08.08.2019 - VII ZR 34/18 *) amtliche Leitsätze [16]

[15] Aus IBR

[16] Aus IBR

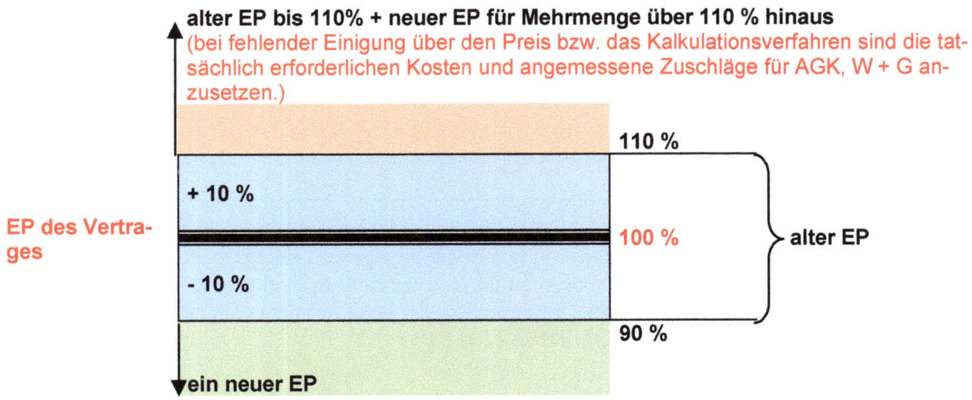

VOB/B – Regelungen zur Bestimmung der Einheitspreise bei Mengenänderung

Vereinbarung zur Nachtragskalkulation im VOB/B – Vertrag

1. Die Vertragsmenge wird zum Vertragspreis abgerechnet

+

2. Einigen sich die Vertragsparteien auf ein Rechenverfahren zur Vergütungsanpassung?

ja ▼

Das Verfahren zur Vergütungsanpassung wird angewendet.

Sachverständige und Gerichte sind an diese Einigung gebunden. Dies auch, wenn eigentlich ein anderes Verfahren zutreffend wäre. (außer Korruption)

z.B.

- Fortschreibung der Urkalkulation
- Ortsüblicher Preis
- Preisniveau des Vertrages
- Nutzung der Informationen aus einer hinterlegten Urkalkulation

nein ▼

Wird die vom Auftragnehmer **nachträglich vorgelegte** Urkalkulation vom Auftraggeber für die Bestimmung der Nachtragsvergütung akzeptiert?

ja ▼

Die Werte der Urkalkulation können einvernehmlich verwendet werden.

nein ▼

Es werden die **tatsächlich erforderlichen Kosten und angemessene Zuschläge für AGK, Wagnis und Gewinn** bestimmt.

4 Erkennen des Nachtrags und Ankündigung von Ansprüchen „dem Grunde nach“

Der Auftraggeber hat ein berechtigtes Interesse, nicht am Ende des Projektes unangenehme Überraschungen durch viele Nachträge zu erleiden, sondern zeitnah vom Bauunternehmer zu erfahren, wenn dieser der Meinung ist, zusätzliche Vergütung oder zusätzliche Bauzeit zu beanspruchen. Insbesondere die Anordnung nicht notwendiger Leistungen oder Leistungsänderungen kann der Auftraggeber dann nochmals dahingehend überdenken, ob er die Konsequenzen akzeptieren will. Es liegt damit am Auftragnehmer während der Bauausführung schnell Abweichungen des „Bau-Ist“ vom „Bau-Soll“ zu erkennen und dem Auftraggeber anzuzeigen. Die sehr seltene Genialität, dass man sich auf die **Köpfe** derjenigen Bauleiter und Meister verlassen kann, die das Bau-Soll aus dem Vertrag genau kennen und ständig im Geiste mit der Ausführung vergleichen, reicht im Regelfall nicht aus, um sämtliche Ansprüche zu erkennen.
Man benötigt zum schnellen Erkennen von Nachträgen Hilfsmittel, die u.a. folgende Anforderungen erfüllen sollen:

- einfache Handhabung der Hilfsmittel, die von möglichst vielen Mitarbeitern ohne umfangreiche Schulung verstanden werden,
- schnelles Erkennen von Abweichungen (das es überhaupt eine Abweichung vom Bau-Soll ist),
- Möglichkeiten der nachvollziehbaren Ermittlung der Auswirkungen auf Baukosten und Bauzeit,
- Handhabung möglichst von den unmittelbar auf der Baustelle tätigen (in der „Hierarchie“ möglichst „weit unten“),
- einfaches internes Meldesystem,
- klare interne Regelung, wer wann dem Auftraggeber die Abweichung vom Bau-Soll anzeigt.

Da die Leistungsstruktur in jedem Unternehmen unterschiedlich ist und außerdem die unternehmensspezifischen Aufgabenverteilungen nicht verallgemeinerbar sind, ist die Erstellung einer „Funktionenmatix“ der erste Schritt.

4.1 Funktionenmatrix, Verantwortung und Stellenbeschreibung

Immer dann, wenn es um Unternehmensorganisation geht, werden die bekannten „Organigramme“ (der Chef ist ganz oben und dann folgt eine mehr oder minder komplizierte Hierarchie) gezeichnet. Auf die Frage, ob man denn glaubt, dass ein Unternehmen so funktioniert, folgt Schweigen. Auch Stellenbeschreibungen die losgelöst voneinander erstellt wurden, erweisen sich als untauglicher Versuch, schlüssig die Leistungsprozesse zu organisieren. Ein sehr altes Prinzip, die Organisation für alle transparent und schlüssig darzustellen und eine **Stellengestaltung** vorzunehmen ist die Funktionenmatrix.

Für den Aufbau gibt es einige einfache Schritte.

1. Zuerst werden untereinander die Arbeiten aufgelistet, die unbedingt notwendig sind, um den werkvertraglichen Erfolg zu erreichen und den Zahlungsfluss zu sichern. Beim Aufstellen sollte man sich auf die wirklich zielführenden Aufgaben konzentrieren. Nicht direkt zielführende, aber durchaus notwendige Arbeiten (z. B. Post sichten, Baustellenberatungen) werden nicht aufgeführt. Bewährt hat sich eine grobe Gliederung in Blöcke für

- Akquisition
- Angebotsbearbeitung
- Vertragsverhandlung und Vertragsabschluss
- Arbeitsvorbereitung und Einkauf
- Baustellensteuerung
- Abrechnung und Dokumentation.

Je nach Unternehmensgröße werden in den einzelnen Blöcken weitere Differenzierungen sinnvoll.

2. In einem zweiten Schritt werden Spalten für einzelne Funktionen (nicht Namen) angelegt. Also eine für Poliere, Bauleiter, Oberbauleiter, Geschäftsführer usw.

3. Der dritte Schritt sieht eine Kennzeichnung der Felder (z. B. durch kleine Kreuze) vor, in denen Tätigkeiten notwendig sind. Leider enden hier viele Anleitungen in der Literatur und man erhält so nur eine unbrauchbare Tabelle.

4. Im vierten und wesentlichsten Schritt sind zu jedem „Kreuz“ sind nun folgende Informationen zu geben:

Was geschieht an dieser Stelle? Das muss zumindest in allgemeiner Form (besser konkret) erfolgen; z. B. E = Entscheiden, A = eigentliche Arbeit machen, K = Kontrolle.

Welchen Handlungs- und Entscheidungsspielraum bzw. welche Kompetenz gibt es für dieses Feld? Es ist ein Grundprinzip der Führung von Bauunternehmen, dass eine rationelle Baustellensteuerung nur möglich ist, wenn neben der Aufgabe auch ein Handlungsspielraum vereinbart wird. Dieser Spielraum sollte so bemessen sein, dass Fehler in diesem Bereich nicht zu existentiellen Problemen für das Bauunternehmen führen können.

Welches Budget steht zur Verfügung? Gleich welcher Art die Aufgaben sind, Organisation und Selbstorganisation sind nur möglich, wenn über Ressourcen (Zeit, Maschinen und Geräte) verfügt werden kann.

Welche Hilfsmittel stehen zur Verfügung? Unter Hilfsmitteln sind für das Baustellenmanagement hauptsächlich rechtssichere Textkonserven, Musterbriefe, Handlungsanweisungen, Formulare und Checklisten zu verstehen.

Im Ergebnis entsteht eine Übersicht die folgenden Zwecken dienen kann:
als Instrument für die

- klare und anschauliche Darstellung von Aufgaben und Kompetenzen
- Überprüfung des Zusammenwirkens der einzelnen Stellen

- Lokalisierung von Organisationsdefekten (unklare Verantwortung, Doppelspurigkeit von Aufgaben, mehrere Verantwortliche)

als Methode

- um mit weniger Zeitaufwand eine klarere Aufgabenbeschreibung zu erhalten
- zur Formulierung von Leistungsstandards.

Ist eine solche Funktionsmatrix mit den Beteiligten erstellt, sollte sie verbindlich eingeführt werden. Stellenbeschreibungen müssen die für die entsprechende Funktion notwendigen Arbeiten (Spalte in der Funktionsmatrix) enthalten.

> ***Wenn mehr als eine Person für einen Fehler verantwortlich ist, hat ihn niemand gemacht.***

allgemeine Darstellung einer Funktionenmatrix

Aufgaben der Stelle

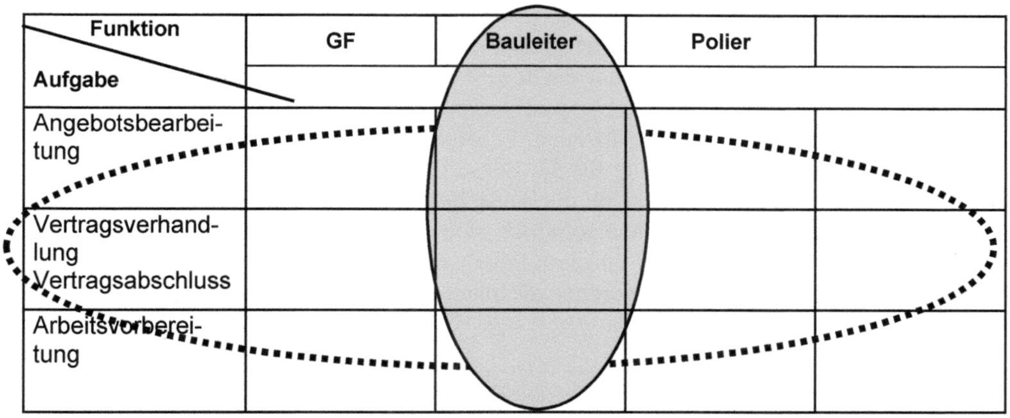

Aufgabenverteilung im Unternehmen ▪▪▪▪▪▪▪▪▪▪

Auszug aus einen Funktionenmatrix für „**Nachträge erkennen**"

Situation \ Funktion	A	B	C
unerwartete Situationen		Vergleich mit Bau-Soll	◄Meldung
Anweisungen des Auftraggebers (ohne Prüfung der Vollmacht)	Nachtragskalkulation und rechtsverbindliche Weitergabe an den AG	◄Entscheidung über Nachtragsforderung	◄Meldung

4.2 Hilfsmittel

Je nach Leistungsstruktur des Unternehmens können intern unterschiedliche Hilfsmittel genutzt werden:

1. Mitschreibung der Stunden auf der Baustelle (nach Koß),
2. ständiger Vergleich der Lieferscheine, Wiegeprotokolle, Kipp- und Entsorgungslisten mit dem Auftragsvolumen,
3. regelmäßiger Vergleich der verbrauchten Bauzeit mit dem Leistungsstand (nur für Nachträge aus Behinderung geeignet => Bauzeitnachtrag.)

Am Beispiel der Mitschreibung des Stundenaufwandes soll das Prinzip des Soll-Ist-Vergleiches (nach Koß) dargestellt werden. Als Bezugsgröße können analog das Material, oder Lieferscheine, oder andere messbare Größen angewendet werden.

zu 1. Mitschreibung der Stunden auf der Baustelle

Für das bauleitende Personal beim Auftragnehmer ist es mitunter nur schwer möglich die Arbeiten bis ins Detail zu verfolgen. Hier kann die Mitwirkung der gewerblichen Mitarbeiter auf der Baustelle eine große Hilfe sein. Das Prinzip des „Mitlaufenden Soll-Ist-Vergleiches" wurde bereits im vorletzten Jahrhundert an den schlesischen Bauhütten entwickelt und von Koß [17] beschrieben. Es dient nicht nur der Idee einer leistungsbezogenen Entlohnung und dem Erkennen von internen Entwicklungsschwerpunkten im Unternehmen, sondern kann auch ein rasches Erkennen von zusätzlichen Leistungen und Mehrleistungen ermöglichen. Im Rahmen der Arbeitsvorbereitung für die Baustelle (nach Vertragsabschluss) werden in einem ersten Schritt „Arbeitspakete" für die Baustelle gebildet, um den gesamten Prozess der Bauausführung in überschaubare technologisch sinnvolle Abschnitte einzuteilen. Zunächst wird das gesamte Bauvorhaben in einzelne Bauabschnitte aufgeteilt. Innerhalb dieser Abschnitte werden die Leistungen zugeordnet, die hintereinander zusammenhängend ausgeführt werden.

Beispiel: Bei den Maurerarbeiten für das Kellergeschoss müssen zum Beispiel die horizontalen Dichtungsbahnen während der Maurerarbeiten mit ausgeführt werden. Diese Dichtungsarbeiten stehen jedoch im Leistungsverzeichnis an einer völlig anderen Stelle als die Maurerarbeiten. Die Bildung des Arbeitspaketes Maurerarbeiten (Kellergeschoss) erfolgt nun so, dass aus dem Leistungsverzeichnis-Titel Maurerarbeiten die entsprechenden Mengen für das Kellermauerwerk anteilig herausgenommen werden und außerdem diesem Arbeitspaket die Dichtungsarbeiten für das Auslegen der horizontalen Sperrung zugeordnet werden.

[17] Koß, Erich; Herkömmlich bauen - Rationell bauen, Frankfurt 1994. Eine detaillierte Anleitung auf der Grundlage dieser Quelle findet man auch in Nagel, U. u.a.: Baustellenorganisation, Berlin: Cornelsen-Verlag

Arbeiten, die zwar im Leistungsverzeichnis unter einer Position zusammengefasst sind, die aber nicht zusammenhängend ausgeführt werden, sind Bestandteil von verschiedenen Arbeitspaketen.

Beispiel: Häufig werden der Aufbau und der Abbau der Baustelleneinrichtung in einer Position zusammengefasst. Hier ist es sinnvoll, ein Arbeitspaket für das Einrichten der Baustelle und ein Arbeitspaket für das Beräumen der Baustelle zu bilden.

Regeln für das Aufstellen von Arbeitspaketen

1. Arbeitspakete dürfen nicht zu groß sein.
   (Ein Arbeitspaket sollte innerhalb 1 Woche, max. in 2 Wochen abgearbeitet sein.)
2. Arbeitspakete dürfen nicht zu klein sein.
   (Innerhalb eines Tages sollten die Mitarbeiter nicht in mehr als zwei bis max. 3 Arbeitspaketen tätig sein, da sonst der Schreibaufwand zu groß wird.)
3. Arbeitspakete sollen die tatsächlichen Abläufe auf der Baustelle darstellen.
   (Der vorgedachte Arbeitsablauf soll sich etwa durch die Arbeitspaketbildung widerspiegeln.)
4. Arbeitspakete sollen für alle am Bau Beteiligten gleichermaßen einfach abgegrenzt und verständlich sein.
   (Bauherren, Planer, Poliere und Bauleiter sollten auf einfache Art und Weise ein gleiches Verständnis von der jeweiligen Arbeit haben.)
5. Die auf der Baustelle durchgeführten Arbeiten sollten eindeutig jeweils einem Arbeitspaket zuzuordnen sein.
   (Die später dargestellten Leistungsmessungen muss ohne viel Mühe eindeutig zuordenbar sein.)

Beispiel für die Bildung von Arbeitspaketen

LV - Grobübersicht

Pos.	Anzahl / Menge	Text	Einheitspreis €/ME	Gesamtpreis	
0101	1 Stck.	Baustelle einrichten, und abbauen	680,00	680,00	→ Arbeitspakete 1 + 7
0203	56 m^3	Boden lösen und wieder einbauen	29,50	1652,00	→ Arbeitspaket 2 (0203–0401)
0302	25 m	Dränrohr liefern und verlegen	12,75	318,75	
0303	1 Stck.	Abschlußkappe	10,00	10,00	
0401	23 m^3	Trockenmauerwerk	475,00	10.925,00	
0502	8 m^3	vorh. Bruchsteine hinter Trockenm.	250,00	2000,00	
usw.					

Ein Arbeitspaket entsteht durch die Zusammenfassung räumlich und zeitlich zusammenhängender Arbeiten.

Beispiel Liste der Arbeitspakete

1 Baustelle einrichten
2 Erdarbeiten, Trockenmauer, Drainage
3 Pflasterarbeiten
4 Zaunbauarbeiten
5 Vegetationsarbeiten
6 Stundenlohnarbeiten, angeordnet vom Bauherren
7 Baustelle beräumen

Leistungsmessung und Feststellung von Abweichungen

Täglich werden die Ist-Stunden erfasst, die für das jeweilige Arbeitspaket aufgewendet wurden. Die Zusammenfassung erfolgt kumuliert. Dieser Wert sollte gedanklich mit dem Leistungsstand und der Zielzeit verglichen werden.

Stundenliste

für Lohnabrechnung							für Leistungsmitschreibung											
Mitarbeiter	Zuschläge	Stunden je Tag					Arbeitspaket					Arbeitspaket					Arbeitspaket	Arbeitspaket
		M	D	M	D	F	1 Baustelle einrichten					2 Erdarb. Trockenmauer					3 Pflasterarb.	
Meier		**8**	**8**	**8**	**8**	**8**	**2**					**6**	**8**	**8**	**8**	**8**		
Schulz		**U**	**6**	**8**	**8**	**8**							**6**	**8**	**8**	**8**		
Huber		**8**	**8**	**8**	**K**	**K**	**2**					**6**	**8**	**8**				
Summe							4					12	22	24	16	16		

Mitlaufender Soll / Ist - Vergleich

Arbeitspaket	**Zielzeit**	**Tag**												
1 Baustelle einr.	*4*	*4*												
2 Erdarb. Trockenm.	*80*	*12*	*22*	*24*	*16*	*16*								
			34	*58*	*74*	*90*								

Nach Fertigstellung eines Arbeitspaketes wird die verbrauchte Zeit mit der Zielzeit verglichen. Bei deutlichen Abweichungen sind vielfältige Ursachen möglich; u.a. auch hindernde Umstände oder Mehrleistungen gegenüber der Vertragsmenge. Diese Information muss zügig der Bauleitung übermittelt werden, damit der Bauherr unverzüglich eine Nachricht über die Abweichung erhält.

4.3 Nachtragsangebot oder Mehrkostenanmeldung?

Neben den Leistungsänderungen (insbesondere Mengenänderungen), die sich „aus der Baustelle heraus“ entwickeln, gibt es unterschiedliche Situationen, die auch zu einer Nachtragsforderung führen können. Auch bei den folgenden Situationen ist eine schriftliche Unterrichtung des Auftraggebers sinnvoll, wenn die Forderung später rechtssicher durchgesetzt werden soll.

Situation		Schriftstück
Auf der Baustelle wird eine zwingend notwendige Arbeit ohne Auftrag ausgeführt. Der AG ist mit vernünftigem Aufwand nicht erreichbar. Eine Alternative (zeitlich und sachlich) zur sofortigen Ausführung gibt es nicht.	►	**unverzügliche nachträgliche Ankündigung** des Vergütungsanspruches („Mehrkostenanmeldung“)
Auf der Baustelle wird eine zwingend notwendige Arbeit auf Anordnung eines vollmachtslosen Architekten ausgeführt.	►	**unverzügliche nachträgliche Ankündigung** des Vergütungsanspruches mit Bezug auf die Person („Mehrkostenanmeldung“)
Auf der Baustelle wird eine nicht notwendige Arbeit auf Anordnung eines vollmachtslosen Architekten ausgeführt.	►	**unverzügliche nachträgliche Ankündigung** des Vergütungsanspruches mit Bezug auf die Person. Der Vergütungsanspruch ist nicht sicher! … „Umweg“ Haftung des Architekten. („Mehrkostenanmeldung“)
Auf der Baustelle wird eine nicht notwendige Arbeit auf Anordnung eines bevollmächtigten AG-Vertreters ausgeführt.	►	**unverzügliche Auftragsbestätigung (ist KBS)** (nicht beim Verbraucher)
Der AG wünscht eine alternative Ausführung	►	**Nachtragsangebot mit Fristsetzung** zur Entscheidung, damit keine zusätzlichen Behinderungen wegen fehlender Entscheidungen entstehen.
Der AG wünscht ein Angebot zu einer nicht notwendigen Leistung	►	
Behinderungen aus dem Risikobereich des Auftraggebers	►	**Behinderungsanzeige** mit der Darstellung der Zeit- und Kostenwirkung

In allen Schreiben sollte unbedingt vermerkt werden: „Ob dieser Vorgang einen Einfluss auf die Bauzeit hat, können wir derzeit nicht abschätzen.“

4.4 Wann muss was vom AN eingereicht bzw. angekündigt werden?

In der VOB/B sind eine Reihe unbestimmter Fristen für die Ankündigung von Mehrvergütungen und für Preisvereinbarungen vorgesehen.

Sachverhalt	Quelle in der VOB/B	Zitat aus der VOB/B	Hinweis für den Praktiker
Unterschreitung der ausgeführten Menge gegenüber der ausgeschriebenen	§ 2 Abs. 3, Nr. 3	„... ist auf Verlangen...“	Die Feststellung zum Sachverhalt ist erst nach Abschluss der Leistung möglich
Änderung des Bauentwurfes oder Anordnung des Auftraggebers	§ 2 Abs. 5	„Die Vereinbarung **soll** vor der Ausführung getroffen werden.“	Vor der Ausführung mit Fristsetzung zur Entscheidung. Fehlende Entscheidung als Behinderungstatbestand bei echter Wahlmöglichkeit des AG.
Forderung einer nicht notwendigen Leistung durch AG	§ 2 Abs. 6 Nr.1	„Er **muss** jedoch den Anspruch dem AG ankündigen, bevor er mit der Ausführung der Leistung beginnt.“	Ankündigung mindestens dem Grunde nach zwingend.
Vergütung für eine nicht notwendige Leistung	§ 2 Abs. 6 Nr.2	„Sie *(die Vergütung)* ist **möglichst vor Beginn** der Ausführung zu vereinbaren.“	„möglichst“ vor Ausführung, jedoch nicht zwingend.
Notwendige Leistung + mutmaßlicher Wille des AG	§ 2 Abs. 8 Nr.2	„... und ihm **unverzüglich** angezeigt wurde.“	Kann vor oder nach Leistungserbringung sein.

Für den Schriftverkehr gibt es keine Formvorschrift. Im Folgenden sind Beispiele für mögliche Briefe angegeben, ohne dass diese die konkreten Situationen immer sachgerecht darstellen können. Sie müssen deshalb den praktischen Situationen angepasst werden.

Anzeige der Ausführung notwendiger Arbeiten

gemäß VOB/B § 2 Abs. 8 Nr. 2 - Unverzügliche Anzeige

Sehr geehrte Damen und Herren,
wir beziehen uns auf das o.g. Bauvorhaben und teilen Ihnen pflichtgemäß unter Bezug auf VOB/B § 2 Abs. 8 Nr. 2 mit, dass wir folgende Leistungen in eigenmächtiger Abweichung vom Vertrag und nach Ihrem mutmaßlichen Willen bis zum .... erbringen werden / mussten *), um Schaden von dem Objekt abzuwenden.

Leistungen: ....

Begründung

Sie waren trotz intensiver Bemühungen unsererseits weder telefonisch noch persönlich erreichbar. Hätten wir Ihre Entscheidung abgewartet, wären zusätzliche Stillstandskosten entstanden ohne dass sich an der Notwendigkeit der Leistung etwas geändert hätte.
Würden wir die Leistung nicht durchführen, so wären folgende Nachteile zu befürchten:

....

Weiter kündigen wir hiermit unseren Vergütungsanspruch gemäß VOB/B § 2 Abs. 8 Nr. 2 (dem Grunde nach) an. Die genaue Höhe werden wir Ihnen unverzüglich mitteilen, nachdem uns dies möglich ist.

- o Gleichzeitig beanspruchen wir eine Verlängerung der Bauzeit um .... Werktage.
- o Ob die Ausführung dieser notwendigen Arbeit einen Einfluss auf die Bauzeit hat, können wir noch nicht abschätzen

Mit freundlichem Gruß

*) Nichtzutreffendes bitte streichen

Anweisungen des Bauherren (im kaufmännischen Geschäftsverkehr zwischen Unternehmen)

Ankündigung Vergütungsanspruch nach VOB/B § 2 Abs. 6 für im Vertrag nicht vorgesehene Leistungen

Sehr geehrte Damen und Herren,
in der Beratung/Baustellenbegehung am .... haben Sie (vertreten durch Frau/Herrn ....) uns aufgefordert, nachfolgende im Vertrag nicht vorgesehene Leistungen auszuführen.

Leistungen:

....

Wir haben den Auftrag angenommen.

Hiermit kündigen wir nach VOB/B § 2 Abs. 6 unseren Vergütungsanspruch dem Grunde nach an.
Die genaue Höhe werden wir Ihnen mitteilen, sobald uns das möglich ist.
Mit freundlichem Gruß

Aus der Rechtsprechung (aus IBR)

Wenn die (eigentlich notwendige) Ankündigung im konkreten Fall für den Schutz des AG entbehrlich und daher ohne Funktion ist oder wenn ihre Versäumung ausnahmsweise entschuldigt ist, kommt es auf sie zur Begründung des Vergütungsanspruchs nicht an.
BGH, Urteil vom 23.05.1996 - VII ZR 245/94;
Ein Verlust des Vergütungsanspruchs bei fehlender Ankündigung sei danach nicht gerechtfertigt, wenn und soweit die Ankündigung im konkreten Fall für den Schutz des AG entbehrlich und daher ohne Funktion sei. Das sei der Fall, wenn

- der AG bei Anordnung der Zusatzleistung von ihrer Entgeltlichkeit ausging oder ausgehen musste,
- ihm nach Lage der Dinge keine Alternative zur sofortigen Ausführung der Leistung durch den AN blieb,
- die rechtzeitige Ankündigung die Lage des AG nicht verbessert,
- die Versäumung der Ankündigung ausnahmsweise entschuldigt ist.

---

1. Für ein Anerkenntnis im Sinne des § 2 Abs. 8 Nr. 2 Satz 1 VOB/B genügt jedes tatsächliche Verhalten, das vorbehaltslos und eindeutig erkennen lässt, dass der Auftraggeber mit der ohne Auftrag oder abweichend vom Vertrag erbrachten Leistung letztlich doch einverstanden ist und sie als in den Vertrag einbezogen belegt. Dafür reicht es bereits aus, dass er die ohne oder abweichend vom Vertrag ausgeführte Leistung bemerkt und gleichwohl weiterbauen lässt.
2. Eine auftragslos erbrachte Leistung ist im Sinne von § 2 Abs. 8 Nr. 2 Satz 2 VOB/B notwendig und dem mutmaßlichen Willen des Auftraggebers entsprechend, wenn dieser der Auffassung ist, dass es sich um eine im Vertrag geschuldete Leistung handelt. Damit wird die Notwendigkeit der Leistung bestätigt.
OLG Schleswig, Urteil vom 29.06.2010 - 3 U 92/09

Dem Auftragnehmer steht auch bei fehlender Ankündigung ein Anspruch auf zusätzliche Vergütung zu, wenn dem Auftraggeber aufgrund eines ausführlichen Leistungsverzeichnisses der ursprüngliche Leistungsumfang bekannt und es offensichtlich ist, dass zusätzlich gewünschte und beauftragte Leistungen eine Zusatzvergütung auslösen.
OLG Schleswig, Urteil vom 04.04.2018 - 12 U 4/18

---

1. Im VOB-Vertrag bestehen neben den Ansprüchen aus § 2 Abs. 8 Nr. 2 VOB/B Ansprüche aus Geschäftsführung ohne Auftrag (§§ 677 ff. BGB). Von einer Anzeige der Leistung hängen diese nicht ab.
2. Die Vorschriften der §§ 677 ff. BGB können immer dann herangezogen werden, wenn der Auftragnehmer Leistungen erbracht hat, zu denen er weder wirksam beauftragt noch in anderer Weise verpflichtet war.
3. Ein "Interesse des Bauherrn" an der ohne Auftrag erbrachten Leistung ist zu bejahen, wenn die Geschäftsbesorgung in seinem "wohlverstandenen Interesse" erfolgt bzw. für ihn "nützlich" (= sachlich vorteilhaft) ist.
4. Kann der Auftragnehmer Ersatz seiner Aufwendungen verlangen, steht ihm, wenn die erbrachten Leistungen zu seinem Gewerbe gehören, ein Anspruch auf Zahlung der üblichen Vergütung zu.
OLG Karlsruhe, Urteil vom 07.12.2015 - 13 U 110/13; BGH, Beschluss vom 24.01.2018 - VII ZR 7/16

Leistungsänderung nach VOB/B § 2 Abs. 5, 6, 7

(Bitte Kopie mit Bestätigung zurückschicken)

Sehr geehrte Damen und Herren,
Sie haben uns am .... mitgeteilt, dass die vertraglich vorgesehene Leistung geändert wird.
Das betrifft ....
Der Umfang wird dadurch
o vergrößert
o verringert
o durch nicht vorgesehene Leistungen ergänzt (zusätzliche Leistung)
Änderung / Mehrung / Minderung *)
Die bisher vorgesehene Leistung
....
ändert sich wie folgt:
....
Unter Berücksichtigung von Mehr- und Minderkosten bieten wir Ihnen die Leistung nunmehr wie folgt an:
....
Durch o.g. Leistungsänderung bzw. -ergänzung ändern sich die vertraglich vorgesehenen Ausführungsfristen für
....
Insgesamt beanspruchen wir eine voraussichtliche Verlängerung der Ausführungsfrist von .... Tagen / Wochen*).
Erteilen Sie bitte Ihre Zustimmung durch Unterzeichnung und Rückleitung der Kopie dieses Schreibens bis .... **damit keine zusätzlichen Behinderungen wegen fehlender Entscheidungen entstehen**.

Mit freundlichem Gruß

....

Bestätigung:

....

Unterschrift

*) Nichtzutreffendes bitte streichen

Erfordernisse bei:

- **Ankündigung**
- **Berechnung**
- **Durchsetzung:**

Zunächst muss jeder Nachtrag **„prüfbar“** sein. Das erfordert u.a die Angabe von.:

- Bauvorhaben
- eindeutige Bezeichnung (inhaltliche Bezeichnung oder Nummer),
- räumliche Zuordnung (Raum, Achse, Bereich),
- Sachverhalt (kann auch Ursache und Inhalt sein).

Ist eine Forderung prüfbar, muss sie auch **„richtig“** begründet und berechnet werden. Dazu gehören u.a.:

- die Darstellung der Anspruchsgrundlage,
- die Darstellung der Abweichung des Bau–Ist vom Bau-Soll,
- die Begründung, warum die Leistung nicht ohnehin schon geschuldet ist? (in Positionen oder der Pauschale enthalten, keine Nebenleistung),
- der Ablauf des Geschehens (z.B. Anordnung durch … am …, wo angewiesen …),
- die Bestimmung des zutreffenden Preisniveaus (ggf. in Verbindung mit der Anspruchsgrundlage),
- Berechnung der Vergütung (je nach Sachverhalt und Vereinbarung vor oder nach Ausführung).

1. **Ein Anspruch auf Mehrvergütung wegen geänderter oder zusätzlicher Leistungen setzt voraus, dass der Auftragnehmer jeweils konkret darlegt, welche im Vertrag vorgesehene Leistung sich aufgrund welcher Anordnung des Auftraggebers geändert hat. Zudem muss der Auftragnehmer zu seiner Preisermittlung vortragen.**
2. Die Bezugnahme auf umfangreiche Anlagen, die aus sich heraus nicht erklärlich sind, ist nicht geeignet, erforderlichen Sachvortrag zu ersetzen.

OLG Hamm, Urteil vom 08.03.2012 - 17 U 49/11; BGH, Beschluss vom 20.06.2013 - VII ZR 104/1[18]

[18] Aus IBR

Beispiel „Verbraucher"

Leistungsänderung mit Auswirkung auf die Baukosten und ggf. auf die Bauzeit

(Bitte Kopie dieses Schreibens mit Bestätigung bis zum .... zurückschicken)

Sehr geehrte Damen und Herren,
Sie haben uns am .... mitgeteilt, dass
□ die vertraglich vorgesehene Leistung geändert wird.
□ der Umfang durch nicht vorgesehene Leistungen ergänzt wird (zusätzliche Leistung)
Das betrifft ....

Änderung
Die bisher vorgesehene Leistung ....
ändert sich wie folgt: ....
Unter Berücksichtigung von Mehr- und Minderkosten bieten wir Ihnen die Leistung nunmehr wie folgt an:

□ Der Endpreis für diese Leistung beträgt ..... € (netto) + ... % MwSt. = ... € brutto. Andere Kosten entfallen nicht*)/es entfallen die Kosten für ....*)

□ Der genaue Endpreis und die Auswirkungen auf andere Preisbestandteile können erst nach Abschluss der Arbeiten ermittelt werden. Er setzt sich aus folgenden Preisbestandteilen zusammen:
Stundenlohn mit €/Stunde einschl. aller Zuschläge zuzüglich MwSt. = brutto ....€/St.
Materialkosten in voraussichtlicher Höhe .... (zum Nachweis)

Die wesentlichen Eigenschaften der Leistung ändern sich wie folgt: ....
Durch o.g. Leistungsänderung bzw. -ergänzung ändern sich die vertraglich vorgesehenen Ausführungsfristen für .... Insgesamt beanspruchen wir eine voraussichtliche Verlängerung der Ausführungsfrist von ..... Tagen/Wochen*).
Erteilen Sie bitte Ihre Zustimmung durch Unterzeichnung und Rückleitung der Kopie dieses Schreibens bis .... **damit keine Behinderungen wegen fehlender Entscheidungen entstehen**.
Für diesen Auftrag steht Ihnen ein Widerrufsrecht zu.
Bitte entscheiden Sie bei Auftragserteilung, ob wir ggf. bereits innerhalb der Widerrufsfrist mit unseren Arbeiten beginnen sollen. In Kenntnis des Widerrufsrechtes wäre bei

- vollständiger Erfüllung dieses Zusatzauftrages durch uns Ihr Widerrufsrecht verloren,
- einem Widerruf während der Ausführung ein Wertersatz (Zahlung) für die anteilig erbrachte Leistung zu leisten.

Auftrag:
Hiermit beauftragen wir die o.a. Leistungen.

____
(Ort und Datum) (Unterschrift Auftraggeber)

□ In Kenntnis der ergänzenden Widerrufsbelehrung verlange ich ausdrücklich, dass der Unternehmer mit seiner Leistung bereits vor Ablauf der Widerrufsfrist beginnt. Mir ist bekannt, dass ich bei
- vollständiger Vertragserfüllung durch den Auftragnehmer mein Widerrufsrecht verliere,
- einem Widerruf während der Ausführung Wertersatz (Zahlung) für die anteilig erbrachte Leistung zu leisten habe.

____
(Ort und Datum) (Unterschrift Auftraggeber)

aus der Rechtsprechung zur Annahme von Nachträgen im Geschäftsverkehr (aus IBR)

Angebotene Nachtragsleistung entgegengenommen: Preis akzeptiert
Die Parteien eines VOB-Vertrags sollen sich über die Vergütung für eine zusätzliche Leistung möglichst vor der Ausführung einigen (VOB/B § 2 Abs. 6 Nr. 2). Werden zusätzliche Leistungen in einem Nachtrag angeboten und diese dann mit Willen des Auftraggebers ausgeführt, liegt darin die stillschweigende Annahme des Nachtragsangebots.
OLG Koblenz, Urteil vom 28.02.2011 - 12 U 1543/07; BGH, Beschluss vom 21.02.2013 - VII ZR 72/11

Auftraggeber akzeptiert nur die Nachtragshöhe nicht: Forderung dem Grunde nach anerkannt!
Eine auftragslos erbrachte Leistung kann auch durch eine Schlussrechnungsprüfung nachträglich anerkannt werden, wenn der Auftraggeber nicht die Leistungsposition insgesamt, sondern lediglich die Preisangabe streicht und damit die Vergütung nur der Höhe nach streitig stellt.
OLG Düsseldorf, Urteil vom 22.03.2013 - 22 U 94/11

Besondere Vergütung für zusätzliche Leistung auch ohne Anordnung des Auftraggebers!
1. Auch wenn der Auftraggeber die Ausführung einer nicht beschriebenen, aber **technisch zwingend notwendigen Zusatzleistung** nicht gem. § 1 Abs. 4 VOB/B verlangt hat, steht dem Auftragnehmer für die Ausführung einer solchen Leistung ein Anspruch auf besondere Vergütung nach § 2 Abs. 6 VOB/B zu.
2. In der Übersendung eines Nachtragsangebots liegt die für einen Anspruch auf zusätzliche Vergütung erforderliche Ankündigung.
OLG Hamm, Urteil vom 13.07.2017 - 24 U 117/16; BGH, Beschluss vom 10.07.2019 - VII ZR 209/17[19]

[19] Aus IBR

Vorschlag für den einfachen Aufbau einer Mehrkostenanmeldung und eines Nachtragsangebotes

Gliederung	Beispiele
1. Ordnungs- und Orientierungsmerkmale	• Bauvorhaben • Nachtragsnummer (oder Sachverhalt) • Raum, Achse, Bereich
2. Anlass für den Nachtrag, allgemeine Anspruchsgrundlage	• Anordnung des AG vom ... • Mehrkostenanmeldung vom ... • notwendige Leistung • Behinderung
3. konkrete Anspruchsgrundlage (Preisniveau) ggf. mit Begründung des Preisniveaus	• tatsächlich erforderliche Kosten und angemessene Zuschläge für AGK, Wagnis und Gewinn • Vertragspreis • ortsüblicher Preis • Schadenersatz
4. Leistung beschreiben und begründen, warum diese Leistung nicht durch den Vertrag geschuldet ist	• keine Nebenleistung • nicht nach der Verkehrssitte geschuldet • nicht durch die Pauschale erfasst
5. Kalkulation auf der Basis von Punkt 3. ggf. mit Begründung des gewählten Rechenverfahrens	• Begründung des Verfahrens • Erläuterung zum Entstehen der verwendeten Daten • nachvollziehbare Berechnung
6. Änderungen anderer Leistungsteile aufführen	• Wegfall anderer Leistungen • Änderung anderer Leistungen
7. Wirkung auf die Bauzeit (vorbehalten)	• zeitlicher Verzug
8. Ausgleichsrechnung (erst auf Anforderung)	

Beispiel

Nachtragskalkulation

1. Bauvorhaben:
2. Nachtragsnummer (oder Sachverhalt) *z.B. zusätzliche Stemmarbeiten*
3. Raum, Achse, Bereich: *räumliche Zuordnung genau vornehmen, da ggf. später die gleichen Arbeiten in anderen Räumen notwendig sind*
4. Ihre Anordnung vom ... / unsere Mehrkostenanmeldung vom ...
5. Sachverhalt *(kann auch Ursache und Inhalt sein)*
6. *Die geforderte Leistung ist weder nach dem geschlossenen Vertrag noch nach der Verkehrssitte geschuldet.*
7. Anspruchsgrundlage (Preisniveau): *die Kalkulation erfolgt*
   - □ ***auf der Grundlage der tatsächlich erforderlichen Kosten und angemessenen Zuschlägen für Allgemeine Geschäftskosten, Wagnis und Gewinn,***
   - □ ***durch Rückgriff auf die Urkalkulation,***
   - □ ***in Anlehnung an die vereinbarte Kalkulationsmethode zur VOB/B § 2 Abs. 5***
   - □ ***in Anlehnung an die vereinbarte Kalkulationsmethode zur VOB/B § 2 Abs. 6***
   - □ ***auf der Grundlage ortsüblicher Preise gem. BGB§ 632***
   - □ ***auf der Grundlage der Vereinbarung zur Vergütungsanpassung vom ....***
8. Leistung: .....
   - □ *Es handelt sich um eine Mehrleistung, die bereits im Vertrag beschrieben ist. Der vereinbarte Einheitspreis kann beibehalten werden.*
   - □ *Es handelt sich um eine Mehrleistung, die bereits im Vertrag beschrieben ist, für die jedoch ein neuer Einheitspreis gebildet werden muss.*
   - □ *Es handelt sich um eine zusätzliche Leistung.*
   - □ *Es handelt sich um eine geänderte Leistung.*
9. Kalkulation:
   Für die Kalkulation kann festgestellt werden, dass
   - □ *der vereinbarte Einheitspreis beibehalten werden kann, da sich die Einzelkosten der Teilleistung nicht ändern,*
   - □ *der vereinbarte Einheitspreis erhöht werden muss, da folgende Einzelkosten der Teilleistung sich erhöhen .... und zwar um .... Damit ergeben sich folgende neuen Einheitspreise ...*
   - □ *für die geforderte Leistung die tatsächlich erforderlichen Kosten und die angemessenen Zuschläge für AGK, Wagnis und Gewinn zu erstatten sind.*
   - □ *die ortsübliche Vergütung gem. BGB §632 anzusetzen ist.*
10. Änderungen anderer Leistungsteile:
    - □ Andere Leistungsteile sind von diesem Nachtrag nicht betroffen.
    - □ Folgende Leistungen ändern sich aufgrund der hier beschriebenen Leistung ... eine Kalkulation hierzu ist uns derzeit noch nicht möglich.
    - □ folgende Leistungen entfallen ....

Praxishinweis:

Die Urkalkulation kann auf Anforderung des Auftraggebers als auch auf Initiative des Auftragnehmers in einem verschlossenen Umschlag beim Auftraggeber hinterlegt werden.

4.5 Was beim Widerspruch des Auftraggebers zu Nachtragsforderungen zu tun?

Es ist zu unterscheiden:

- notwendige Leistung (bzw. Leistungsänderung)
- nicht notwendige Leistung (bzw. Leistungsänderung).

Anweisung des AG zu einer nicht vorgesehenen (nicht vereinbarten) notwendigen Leistung

Unter „notwendig“ wird hier verstanden, dass die Leistung notwendig ist, um

- die vertraglich vorausgesetzte **Funktion** zu erfüllen / **den vorgesehenen Werkerfolg** herbeizuführen und bei der Ausschreibung **vergessen** wurde (Fehlerkorrektur durch Anweisung),
- **Mängel** zu vermeiden,
- den vorgesehenen **Fertigstellungstermin** einzuhalten.

Zusätzlich kann sich eine „Notwendigkeit“ (aus baubetrieblicher Sicht) aus **Funktions- und Gestaltungsänderungen** ergeben, die mitunter schwieriger abzugrenzen ist.
Beispiele:

1. Wünscht der AG nach Vertragsabschluss eine Garage im Keller eines Einfamilienhauses, kann diese Funktionsänderung vernünftigerweise nur vom AN erbracht werden, der auch das übrige Bauwerk errichtet. Hier müsste man das Anordnungsrecht des AG akzeptieren.
2. Wünscht der AG nach Vertragsabschluss eine Garage auf dem Grundstück, die keinerlei Bezug zum vertraglich zu errichtenden Eigenheim hat, besteht hier keine Notwendigkeit. Dieser Fall ist durch das Anordnungsrecht einer notwendigen Leistung nicht gedeckt.

Funktions- und Gestaltungsänderungen können sich dabei auch aus neuen betriebswirtschaftlichen Erkenntnissen des AG (bzw. seines Architekten) ergeben.

Zurückweisung des AG schützt nicht vor Nachträgen des AN! (aus IBR)
1. Eine Änderung des Bauentwurfs bzw. eine Anordnung des Auftraggebers i.S. von § 1 Nr. 3 und § 2 Nr. 5 VOB/B liegt auch dann vor, wenn der Auftraggeber die Mehrkostenanmeldung des Auftragnehmers zurückweist, aber dennoch die Ausführung der geänderten Leistung verlangt.
2. Die verkehrsrechtliche Anordnung der für den Baubereich zuständigen Straßenverkehrsbehörde stellt ein "Verlangen des Auftraggebers" i.S. von § 1 Nr. 4 VOB/B dar, so dass dem Auftragnehmer für die Ausführung der Zusatzleistung ein Anspruch auf besondere Vergütung nach § 2 Nr. 6 VOB/B zusteht.
3. Liegt eine Anordnung des Auftraggebers zur Ausführung einer geänderten oder zusätzlichen Leistung vor, hat der Auftragnehmer auch dann einen Anspruch auf Mehrvergütung, wenn die Parteien vor Beginn der Ausführung keine Preisvereinbarung getroffen haben. Die Höhe der Vergütung richtet sich dann nach den **Grundlagen der Preisermittlung** (der Urkalkulation).
4. Finden sich in der Urkalkulation keine hinreichenden Bezugspunkte für Ermittlung der zusätzlichen Vergütung, ist diese nach den **üblichen Preisen** zu bestimmen. (nach IBR)
KG, Urteil vom 17.12.2013 - 7 U 203/12

Widerspruch zu Ihrer Behauptung, unser Vergütungsanspruch sei nicht berechtigt
Sehr geehrte Damen und Herren, □ mit Schreiben vom … □ im Rahmen der Baustellenberatung am … □ im Gespräch am … weisen Sie unseren Vergütungsanspruch unberechtigt zurück. Wir betonen hiermit nochmals, dass die auszuführende Leistung nicht im Vertrag vorgesehen ist. Da es sich jedoch um eine notwendige Leistung handelt, werden wir die Leistung ausführen und nach wie vor auf der zusätzlichen Vergütung für diese Leistung bestehen.

Anweisung des Auftraggebers zu einer nicht notwendigen zusätzlichen Leistung

> *VOB/B § 1 (4) Nicht vereinbarte Leistungen, die zur Ausführung der vertraglichen Leistung erforderlich werden, hat der Auftragnehmer auf Verlangen des Auftraggebers mit auszuführen, außer wenn sein Betrieb auf derartige Leistungen nicht eingerichtet ist.* ***Andere Leistungen können dem Auftragnehmer nur mit seiner Zustimmung übertragen werden.***

Weist der Auftraggeber eine **nicht notwendige** Leistung an, die der Auftragnehmer für zusätzlich vergütungsfähig hält bzw. für die er eine geänderte Vergütung beanspruchen will, hat er den Auftraggeber unverzüglich über die Konsequenzen für die Vergütung und für die Bauzeit hinzuweisen und die Anweisungen des Auftraggebers abzuwarten. Sinnvoll ist, einen Termin anzugeben, bis wann sich der Auftraggeber entscheiden muss um einen möglichst störungsfreien Ablauf zu gewährleisten. Das betrifft:

- nicht vorgesehene Leistungen,
- nicht notwendige Leistungsänderungen,
- nicht notwendige Mengenmehrungen.

Im Gegensatz zur zwingenden Ausführung notwendiger Leistungen ist grundsätzlich eine Einigung über den Preis vor Ausführung anzustreben (die Zustimmung des AN kann von der Einigung über den Preis abhängig gemacht werden).

	Empfehlung ▼	**kein Streit über Vergütung dem Grunde nach, sondern „nur" über die Höhe** ▼	**wenn später Vergütung bestimmt wird** ▼
Leistung nicht notwendig ►	keine Ausführung vor Einigung über Preis und Zeit ►	AN hat die Wahl ob Zusatzleistung auf Preisniveau des Vertrages kalkuliert oder „neuen" Preis bestimmt.	
Alternative Ausführung „echte" Wahlmöglichkeit ►	keine Ausführung vor Einigung über Preis und Zeit. Ggf. „Behinderung" wegen fehlender Entscheidung ►	Preisniveau des Vertrages **oder** tatsächlich erforderliche Kosten und angemessene Zuschläge für AGK, W+G	

Leistungsänderung nach VOB/B § 2 Abs. 5, 6, 7

(Bitte Kopie mit Bestätigung zurückschicken)
Sehr geehrte Damen und Herren,
Sie haben uns am .... mitgeteilt, dass die vertraglich vorgesehene Leistung geändert wird.
Das betrifft ....
Der Umfang wird dadurch

- o vergrößert
- o verringert
- o durch nicht vorgesehene Leistungen ergänzt (zusätzl. Leistung)

Änderung / Mehrung / Minderung *)
Die bisher vorgesehene Leistung ....
ändert sich wie folgt: ....
Unter Berücksichtigung von Mehr- und Minderkosten bieten wir Ihnen die Leistung nunmehr wie folgt an: ....
Durch o.g. Leistungsänderung bzw. -ergänzung ändern sich die vertraglich vorgesehenen Ausführungsfristen für ....
O Insgesamt beanspruchen wir eine voraussichtliche Verlängerung der Ausführungsfrist von .... Tagen / Wochen*).
O Ob sich durch diese Leistungsänderung die Bauzeit ändert, können wir derzeit noch nicht abschätzen.

Erteilen Sie bitte Ihre Zustimmung durch Unterzeichnung und Rückleitung der Kopie dieses Schreibens bis .... **damit keine zusätzlichen Behinderungen wegen fehlender Entscheidungen entstehen**.

Mit freundlichem Gruß | **Bestätigung:**

.... | ....

Unterschrift

Widerspricht der AG dem Nachtragsangebot und behauptet, dass diese Leistung bereits im Vertrag enthalten sei, sollte der Unternehmer deutlich machen, dass er die Leistung unter Vorbehalt einer Vergütungspflicht erbringt.

Aus der Rechtsprechung (nach IBR)

„In Fällen ungeklärter oder streitiger Vergütungsanpassung nach § 2 Nr. 5 VOB/B steht dem Auftragnehmer ein Recht, die Arbeiten einzustellen bzw. den Vertrag zu kündigen, jedenfalls dann zu, wenn der Auftraggeber eine Vergütungsanpassung endgültig abgelehnt hat oder wenn eine vereinbarte - und damit unstreitige - Vergütung bei Fälligkeit nicht gezahlt wird.“
OLG Bremen, Urteil vom 06.05.2008 - 3 U 50/07; BGH, Beschluss vom 22.04.2010 - VII ZR 125/08 [20]

20 Aus IBR

Gelingt es den Parteien nicht, sich über die Vergütung zu einigen bzw. ist der Vergütungsanspruch noch nicht gerichtlich festgestellt, kann der Auftragnehmer 80% einer im Angebot genannten Mehrvergütung als Abschlag verlangen. **Für den Anspruch des Auftragnehmers auf die Abschlagzahlung ist es nicht relevant, ob die im Angebot enthaltene Mehrvergütung dem Auftragnehmer tatsächlich gemäß BGB § 650c zusteht.** Zwar kann der Auftraggeber überzahlte Beträge, nötigenfalls gerichtlich, zurückverlangen und er erhält auf die überzahlten Beträge die gesetzlichen Zinsen.
Der Auftragnehmer kann durch eine überhöhte Angebotssumme erreichen, dass er vor einer abschließenden Klärung in der Schlussrechnung einen großen Teil, also mehr als 80%, seiner Vergütung erhält. Verhindern kann der Auftraggeber das nur, indem er eine einstweilige gerichtliche Verfügung erwirkt.

Mögliche Konsequenzen für den GU im Vertrag mit dem NU:

- Vereinbarung der VOB/B mit der Maßgabe, dass die Nachträge auf der Grundlage der VOB/B kalkuliert werden.
- Hinterlegung einer Urkalkulation durch den NU mit der Vereinbarung, dass Nachträge auf dieser Grundlage kalkuliert werden.

Varianten der Nachtragskalkulation für eine nicht notwendige Leistung

1.	AG und AN sind sich einig, dass die nicht notwendige Leistung im Rahmen des geschlossenen Bauvertrages erbracht wird	►	Preisniveau des Vertrages
2.	AG und AN sind sich einig, dass die nicht notwendige Leistung im Rahmen eines neuen Vertrages erbracht wird und das Preisniveau des ersten Vertrages beibehalten wird.	►	
3.	Die nicht notwendige Leistung soll in einem gesonderten Vertrag erbracht werden. Die Vertragsparteien können sich über den Preis nicht einigen.	►	ortsüblicher Preis ggf. tatsächlich erforderliche Kosten + angemessene Zuschläge
4.	Die nicht notwendige Leistung wird in einem gesonderten Vertrag erbracht. Eine Vereinbarung zum Preis gibt es nicht.	►	

4.6 Unzumutbarkeit nicht notwendiger Leistungen

> ***BGB § 650b Änderung des Vertrags; Anordnungsrecht des Bestellers***
> *(1) Begehrt der Besteller*
> ***1. eine Änderung des vereinbarten Werkerfolgs*** *(§ 631 Absatz 2) oder*
> *2. eine Änderung, die zur Erreichung des vereinbarten Werkerfolgs notwendig ist, streben die Vertragsparteien Einvernehmen über die Änderung und die infolge der Änderung zu leistende Mehr- oder Mindervergütung an. Der Unternehmer ist verpflichtet, ein Angebot über die Mehr- oder Mindervergütung zu erstellen,* ***im Falle einer Änderung nach Satz 1 Nummer 1 jedoch nur, wenn ihm die Ausführung der Änderung zumutbar ist. Macht der Unternehmer betriebsinterne Vorgänge für die Unzumutbarkeit einer Anordnung nach Absatz 1 Satz 1 Nummer 1 geltend, trifft ihn die Beweislast hierfür.*** *…*
>
> *(2) Erzielen die Parteien binnen 30 Tagen nach Zugang des Änderungsbegehrens beim Unternehmer keine Einigung nach Absatz 1, kann der Besteller die Änderung in Textform anordnen.* ***Der Unternehmer ist verpflichtet, der Anordnung des Bestellers nachzukommen, einer Anordnung nach Absatz 1 Satz 1 Nummer 1 jedoch nur, wenn ihm die Ausführung zumutbar ist.*** *Absatz 1 Satz 3 gilt entsprechend.*

Die Unzumutbarkeit der Leistung betrifft damit die „Änderung des vereinbarten Werkerfolges".

1. Zumutbarkeit (müsste) zuerst vom AG bewiesen werden

▼

2. Macht der AN **betriebsinterne** Gründe geltend muss er die Unzumutbarkeit beweisen.

▼

3. Besteht Einigkeit über die Unzumutbarkeit der Leistung bzw. ergeht eine entsprechende gerichtliche Entscheidung, muss sich der AG entscheiden, ob er die Änderung trotzdem wünscht.

▼	▼
AG beharrt auf der Änderung	AG entscheidet sich gegen die Änderung
▼	▼
AG muss den Teil, der geändert wird dem ursprünglichen AN ggf. kündigen. ▼ Dem AN steht die ursprünglich vereinbarte Vergütung, abzüglich ersparter Aufwendungen zu.	Ausführung der ursprünglich vereinbarten Leistung. Der AN ist bis zur Entscheidung des AG in der Ausführung behindert. **Dies muss der AN dem AG anzeigen!**

In der amtlichen Begründung heißt es hierzu:
„Die Verteilung der Beweislast für die (Un-)Zumutbarkeit einer Anordnung des Bestellers soll den Verantwortungssphären der Parteien Rechnung tragen. **Beweispflichtig für die Zumutbarkeit ist grundsätzlich der Besteller, da er den Vertrag ändern will.** Dies gilt beispielsweise für die Frage, ob das zur Ausführung notwendige Material tatsächlich im Handel erhältlich ist. **Der Unternehmer trägt nach Absatz 1 Satz 3 nur dann die Beweislast für die Unzumutbarkeit, wenn er sich auf betriebsinterne Vorgänge beruft, in die der Besteller keinen Einblick hat.** Hinsichtlich der Frage der Unzumutbarkeit aus betriebsinternen Gründen ist bei einem Generalunternehmer eine Gesamtbetrachtung unter Einschluss der Nachunternehmer angezeigt. Es ist nicht nur auf den Betrieb des Generalunternehmers selbst abzustellen, sondern es sind auch die betrieblichen Möglichkeiten der Nachunternehmer zuzurechnen, ohne die der Generalunternehmer den Auftrag nicht erhalten hätte.“

Behauptung der Unzumutbarkeit durch den Auftragnehmer

- Bei bloßer Behauptung des AN zur Unzumutbarkeit ohne Begründung besteht die Gefahr, dass der AG eine Einstweilige Verfügung beantragt und damit zusätzliche Nachteile für den Unternehmer entstehen.
- Die Begründung sollte so formuliert sein, dass ein baufachlicher Laie (Richter) sie versteht.
- Hilfsweise können (sollten) mehrere Kriterien (Argumente) vorgetragen werden.

Betriebsinterne Vorgänge zur Unzumutbarkeit können u.a. in folgenden Fällen vorliegen:

1. Der Unternehmer **ist auf diese Leistung fachlich nicht eingerichtet** – ggf. auch subjektive Unmöglichkeit - (er kann es nicht).
   - Für die Leistung sind Zulassungen notwendig, die der Unternehmer nicht hat.
   - Für die Leistung sind Zertifikate notwendig, die der Unternehmer nicht hat.
   - Für die Leistung ist der Einsatz von Mitarbeitern mit einer Qualifikation notwendig, die im Unternehmen nicht zur Verfügung stehen.
   - Für die Leistung gibt es Schutzrechte, die von anderen Unternehmern gehalten werden.
   - Es handelt sich um ein völlig anderes Gewerk.
   - Für die Leistung sind spezielle Maschinen und Geräte notwendig, die nicht zur Verfügung stehen (auch Ausleihe zum notwendigen Zeitpunkt nicht möglich).
   - usw.
     - ► Wenn der Unternehmer fachlich die Leistung nicht beherrscht, kann er für diese Leistung auch keine Nachunternehmer einsetzen, da er diese ja überwachen muss.

2. Der Leistungsumfang ist so groß, dass beim Auftragnehmer sein sonstiger **Betriebsablauf völlig durcheinander gerät** und er auf anderen Baustellen in Verzug kommt.

3. Unzumutbarkeit entsteht auch, wenn eine ursprünglich vorgesehene Leistung technisch unproblematisch war und es eine langjährige Bewährung gab und nun eine Änderung verlangt wird, die technisch riskant oder nicht erprobt ist.

4. Der Auftraggeber legt das Änderungsrecht auch hinsichtlich des **Termins**[21] aus und die Änderungsanordnung (z.B. Verstärkung der Kolonnen, Zweischichtbetrieb) bringt den Ablauf beim Unternehmer völlig durcheinander.

5. Neben der Unzumutbarkeit (die sich auch aus dem Unvermögen des Unternehmers ergeben kann) besteht die Möglichkeit der **objektiven Unmöglichkeit.** Das bedeutet, dass niemand in der Lage ist, diesen Wunsch zu erfüllen.

Die Erklärung der **Unzumutbarkeit ist nicht möglich**, wenn die Leistung zwingend notwendig ist, um den vereinbarten Werkerfolg zu erreichen und der Unternehmer diese Leistungen erbringen kann.

Briefvorschlag zur Unzumutbarkeit nicht notwendiger Leistungen (hier die tatsächlichen Sachverhalte angeben)

Unzumutbarkeit der Änderung des vereinbarten Werkerfolges

Sehr geehrte Damen und Herren,
mit Schreiben vom ..... / in der Beratung am .... äußern Sie den Wunsch der Änderung des vereinbarten Werkerfolges in Form von ....
Wir bedauern Ihnen mittteilen zu müssen, dass diese Änderung für uns aus folgendem Grund nicht zumutbar ist:

- □ Für die Leistung sind Zulassungen notwendig, die wir nicht haben.
- □ Für die Leistung sind Zertifikate notwendig, die wir nicht haben.
- □ Für die Leistung ist der Einsatz von Mitarbeitern mit einer Qualifikation notwendig, die uns nicht zur Verfügung stehen.
- □ Es handelt sich um ein völlig anderes Gewerk, das nicht unserem Leistungsspektrum entspricht.
- □ Der daraus resultierende Leistungsumfang würde dazu führen, dass wir auf anderen Baustellen in Verzug geraten und Vertragsstrafen bzw. Schadenersatz für Verzug zahlen müssten.
- □ ....

Wir bitten Sie deshalb von Ihren Änderungswünschen abzusehen, da wir diese nicht erfüllen können. Bitte geben Sie uns bis zum ... eine Nachricht, ob Sie unter diesen Umständen die ursprünglich vereinbarte Leistung wünschen.
Da Sie nun die echte Wahlmöglichkeit haben, entweder die ursprünglich vereinbarte Leistung durch uns oder die geänderte Leistung durch einen anderen Unternehmer ausführen zu lassen, werden wir die ursprünglich vereinbarte Leistung bis zu Ihrer Rückäußerung nicht ausführen.

Ob dieser Vorgang einen Einfluss auf die Bauzeit hat, können wir derzeit nicht abschätzen.

[21] Das betrifft z.B. angeordnete Beschleunigungsmaßnahmen, ohne dass der Auftragnehmer in Verzug geraten war.

5. Ordnung im Dschungel der Preise und Kalkulationsmethoden – ist das möglich?

Der Vorteil einer Einigung über die Art der Abrechnung. 1. Gehen die Parteien übereinstimmend davon aus, dass die Berechnung des neuen Preises im Wege einer Fortschreibung der dem Vertrag zu Grunde liegenden Kalkulation des Auftragnehmers (und nicht anhand tatsächlicher oder üblicher Kosten) zu erfolgen hat, ist das Gericht daran gebunden. BGH, Urteil vom 14.03.2013 - VII ZR 142/12 [22]

Für die Tagespraxis wird ein zweistufiges Vorgehen vorgeschlagen:

1. **Versuch der Einigung über das Kalkulationsverfahren mit dem Auftraggeber.**
2. **Wenn dies nicht gelingt => Bestimmung des Preisniveaus aus gesetzlichen Grundlagen, oder der VOB/B.**

Ist das zutreffende Preisniveau **vereinbart oder bestimmt**, kann auf eine recht umfangreiche Literatur zur Kosten- und Preisbestimmung zurückgegriffen werden. Allen Beteiligten sollte aber klar sein, dass auch ein scheinbar exaktes Ergebnis auf einer Reihe grober Annahmen beruht (beginnend bei der Feststellung der Produktivität über die Verrechnungssätze von Baumaschinen bis hin zu den Zuschlägen für Wagnisse).

5.1. Viele Arten von Einheitspreisen und Kalkulationsverfahren – welche wann

Aus den verschiedenen Situationen, den gesetzlichen Grundlagen, der Rechtsprechung und der Praxis ergeben sich danach u.a. folgende Preisniveaustufen:

1. EP des Angebotes
2. abgerundeter EP durch einen prozentualen Nachlass, der zum Vertragsbestandteil wurde
3. niedrigerer EP für Mengen > 110% (auf Basis 1 oder 2)
4. höherer EP für Mengen > 110% (auf Basis 1 oder 2)
5. EP für Mengen < 90% (auf Basis 1 oder 2)
6. „neuer Preis“ unter Berücksichtigung der Mehr- und Minderkosten (Änderung des Bauentwurfes VOB/B § 2,Abs. 5)
7. Preis für zusätzliche Leistung auf der Grundlage der Preisermittlung für die vertragliche Leistung und den besonderen Kosten der geforderten Leistung (VOB/B § 2 Abs. 6, Nr. 2)

---

[22] Aus IBR

8. Beibehalten des Preisniveaus („guter Preis bleibt guter Preis und schlechter Preis bleibt schlechter Preis“) durch prozentuale Fortschreibung des Preisniveaus, ◀ nur noch in Ausnahmefällen
9. Tatsächliche Kosten und kalkulierte Zuschläge. (z.B. bei Materialkosten)
10. Tatsächliche Kosten und angemessene Zuschläge (z.B. bei Materialkosten)
11. plausible Kosten bei wirtschaftlicher Betriebsführung und kalkulierte Zuschläge
12. EP für Nachträge aus tatsächlich erforderlichen Kosten und angemessenen Zuschlägen für AGK, Wagnis und Gewinn (bei Anordnung durch AG gem. BGB 650b)
13. EP auf der Grundlage der Urkalkulation mit ggf. vertragsspezifischen Nachlässen (bei Anordnung durch AG gem. BGB 650b)
14. Preis auf der Grundlage der Vertrags-Preisermittlung (Urkalkulation) mit Kalkulationselementen für Nachträge aus der Urkalkulation
15. ortsüblicher Preis,

Diese sind mit unterschiedlichen Verfahren zu ermitteln. Außerdem wird in einzelnen Fällen der Nachtragskalkulation gefordert, die „Grundlagen der Preisermittlung für die bereits vereinbarte vertragliche Leistung und die besonderen Kosten der geforderten Leistung“ zu ermitteln. Hier wird der betriebswirtschaftlich umstrittene Ansatz der Verbindung von Preis und tatsächlichen Kosten verwendet. [23]

Zur Kalkulationsmethode

Für die **Nachtragskalkulation** auf der Grundlage der Preisermittlung für die vertragliche Leistung gibt es kein vorgeschriebenes Verfahren. Vielmehr sind aus der Literatur unterschiedliche Rechenverfahren bekannt. Im Ergebnis komme diese bei gleichen Ausgangsdaten zu unterschiedlichen Ergebnissen.

Ergebnis der Nachtragskalkulation für ein und denselben Sachverhalt auf der Grundlage der in der Literatur und Rechtsprechung verwendeten Verfahren zur Nachtragskalkulation bei einem Ausgangswert von 100 €/m³
(zusammengestellt nach Schottke, Ralf; Vergütungsanspruch und Nachtragskalkulation, S.116, Neustadt, 2009)

Quelle	Mehrmenge: EP in €/m³	Mindermenge: EP in €/m³	geänderte Leistung mit Mehraufwand: EP in €/m³
Kapellmann/Schiffers	95,99	122,99	121,51
Leimböck/Klaus/Hölkermann	95,82	122,99	119,02
Drees/Paul	95,82	122,31	121,51
Keil/Martinsen/Vahland/Fricke	95,82	122,31	121,51
Reister	95,82	122,99	119,02
Ministerium f. Bau... (VHB)[24]	96,94 bzw. 99,92	122,23	121,51

[23] z.B. bei Vergütung dem Grunde nach unstrittig; Streit über die Höhe der Vergütung

[24] Vergabehandbuch des Bundes

Vergabehandbuch des Bundes, Abschnitt 5 Nachtragsmanagement,
kostenfrei und frei zugängliche Version als pdf- Dokument auf der Seite des Bundesministeriums, dem der „Bau" zugeordnet ist.

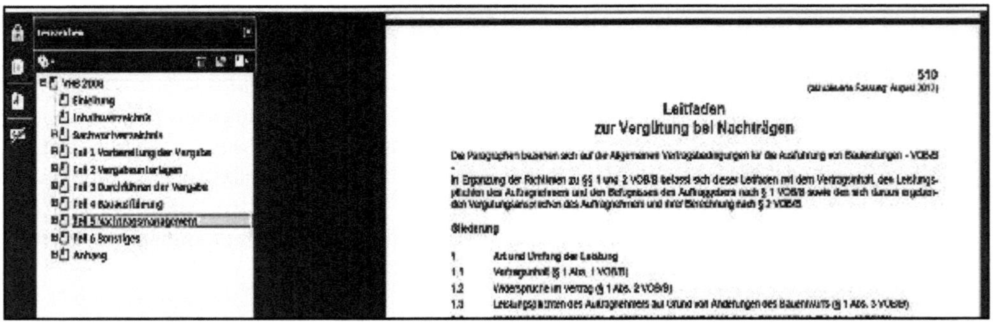

Deshalb gilt der Grundsatz:
Bei Beibehaltung des Preisniveaus des Vertrages ist auch das Kalkulationsverfahren des Angebotes zu nutzen.

Da verschiedene Kalkulationsverfahren zu verschiedenen Ergebnissen führen, sind drei Schlussfolgerungen zu ziehen:

- Will man später auf die „Grundlagen der Preisermittlung" (z.B. VOB/B § 2 Abs. 5 und 6) abstellen sind das Niveau der einzelnen Kostenbestandteile und das Kalkulationsverfahren heranzuziehen.
- Die Art und Weise der Kalkulation lässt sich auf der Grundlage der Struktur und Höhe der Zuschläge auf die Einzelkosten bestimmen. Deshalb sollte der Auftragnehmer aufgefordert werden, vor oder bei Vertragsabschluss die von ihm verwendeten Ansätze (in verschlossenem Umschlag) zu hinterlegen. Dabei genügt es bei kleineren Bauvorhaben regelmäßig, wenn entsprechende Prozentsätze aufgeführt werden und das Kalkulationsverfahren benannt wird.
- Ohne die Berücksichtigung des Kalkulationsverfahrens ist auch bei exakten Ausgangsdaten nur eine Scheingenauigkeit zu erreichen.

Wie die folgende Tabelle in Beispielen zeigt, ist nicht jedes Preisniveau mit jedem Kalkulationsverfahren zu ermitteln. Deshalb muss nach der Bestimmung des Preisniveaus in einem nächsten Schritt das geeignete Kalkulationsverfahren ausgewählt werden. Ausgenommen hiervon ist das Preisniveau des Auftrages. Soll dieses für die Nachtragskalkulation genutzt werden, ist das Kalkulationsverfahren des Angebotes heranzuziehen.

Kombination des Preisniveaus und der Methoden

Methode / Preisniveau	„Schadenersatz“	ortsüblicher Preis	Preisniveau des Auftrages	Tatsächlich erforderliche Kosten
„Ratemethode“[25]		X	X	
Vollkostenrechnung (Endsumme oder Einzelzuschläge)	X			
Zuschlagkalkulation oder Kalkulation über die Endsumme			X	
Deckungsbeitragsrechnung	(X) [26]		X	
Vergleichsgrößen + Index		X		
Zusammenfassung von Stammdaten			(X)	
Zusammenfassung von Marktdaten		X		
Werte aus der Baubetriebslehre				X

Sind mehrere Kalkulationsverfahren möglich, ist der Unternehmer zunächst frei in der Wahl des Kalkulationsverfahrens, Er sollte jedoch wissen, dass bei der Kalkulation der Nachträge die verschiedenen Verfahren Vor- und Nachteile haben können.

Vor- und Nachteile verschiedener Kalkulationsverfahren bei der Nachtragskalkulation

Methode	Vor- und Nachteile / Bemerkungen
„Ratemethode“	Bei Anforderung der Kalkulation durch den AG ist nur bei wenigen Positionen ein schlüssiges Darlegen möglich
Vollkostenrechnung durch Kalkulation über die Endsumme	Für Nachtragskalkulation gut geeignet (insbesondere, wenn eine Ausgleichsrechnung erfolgen soll)
Vollkostenrechnung durch Zuschlagkalkulation mit Einzelzuschlägen	Differenzierte Einzelzuschläge können zu zusätzlichen Gewinnen als auch zu zusätzlichen Verlusten bei der Nachtragskalkulation führen
Deckungsbeitragsrechnung	Die Deckungsbeitragsrechnung kann bei der Nachtragskalkulation zu herben Verlusten führen, wenn aufgrund eines günstigen Geschäftsverlaufes mit einem niedrigen Deckungsbeitrag gerechnet wurde. Hier ist besser auf die tatsächlich erforderlichen Kosten mit angemessenen Zuschlägen für AGK, W+ G abzustellen.
komplexe Vergleichsgrößen	nur bei der Kalkulation von Pauschalpreisen als nachvollziehbar anerkannt
Zusammenfassung von Stammdaten	klassische Form der EP – Kalkulation, lässt Preisniveau gut erkennen; erschließt sich unterschiedlichen Formen der Nachtragskalkulation.

[25] Auch wenn es kurios klingt, werden häufig die Preise für kleinere Positionen nur grob geschätzt, ohne dass eine Berechnung erfolgt. Dem muss die Bestimmung der Nachtragshöhe folgen.

[26] Nur im Ausnahmefall möglich. Man benötigt den gesamten Jahresverlauf im Unternehmen, um eine richtige Berechnung vornehmen zu können.

<table>
<tr><th>Leistungsänderung nach Vertragsabschluss</th><th colspan="2">ohne Einwirkung des AG</th><th colspan="2">Anweisung / Anordnung des AG</th></tr>
<tr><th></th><th>BGB</th><th>VOB/B</th><th>BGB</th><th>VOB/B</th></tr>
<tr><td>Vergrößerung des Leistungsumfanges einer bestellten Leistung</td><td rowspan="2">konstanter EP</td><td>§ 2 Abs. 3, Nr. 2 + Lösen von der Urkalkulation möglich, BGH, Urteil vom 08.08.2019 VII ZR 34/18</td><td>§ 650 c</td><td>§ 2 Abs. 5 + 6</td></tr>
<tr><td>Verkleinerung des Leistungsumfanges einer bestellten Leistung</td><td rowspan="2">§ 2 Abs. 3, Nr. 3</td><td rowspan="2">Teilkündigung § 648 + § 648 a</td><td rowspan="2">Teilkündigung § 8</td></tr>
<tr><td>Wegfall einer bestellten Leistung</td><td>AGK, BGK, Gew.</td></tr>
<tr><td>geänderte Leistungen</td><td></td><td></td><td>§ 650 c</td><td>§ 2, Abs. 5</td></tr>
<tr><td>zusätzliche notwendige Leistungen</td><td>Planung wer?</td><td>§ 2 Abs. 8</td><td>Planung wer?</td><td>§ 2, Abs. 6</td></tr>
<tr><td>zusätzliche nicht notwendige Leistungen</td><td></td><td></td><td>§ 650 c</td><td></td></tr>
<tr><td>Mehraufwendungen aufgrund geänderter Bauumstände</td><td>Planung wer?</td><td>§ 6</td><td>Planung wer?</td><td>§ 2 Abs. 5</td></tr>
<tr><td>angeordnete Beschleunigung</td><td></td><td></td><td rowspan="2">§ 650 c</td><td>§ 2 Abs. 5 + 6</td></tr>
<tr><td>Verlangen von Unterlagen (Planungen)</td><td></td><td></td><td>§ 2 Abs.9</td></tr>
</table>

Zu allen Auswirkungen, die sich auf VOB/B § 2 Abs. 5 + 6 beziehen, s.a. + KG, Urteil vom 10.07.2018 - 21 U 30/17

Der Auftragnehmer ist berechtigt, auch dann Abschlagszahlungen für eine vom Auftraggeber geforderte zusätzliche Leistung unter den Voraussetzungen des § 16 Nr. 1 Abs. 1 VOB/B zu fordern, wenn eine Einigung über deren Vergütung nicht stattgefunden hat.
BGH, Beschluss vom 24.05.2012 - VII ZR 34/11 [27]

[27] Aus IBR

5. 2 Anspruchsgrundlagen und daraus abzuleitendes Vergütungsniveau

Mit der Tabelle, die zeilenweise von links nach rechts zu lesen ist, soll eine Hilfestellung zur Bestimmung des zutreffenden Preisniveaus gegeben werden.
Bitte beachten Sie: Trotz aller Sorgfalt der Zusammenstellung kann diese Übersicht nur als erste grobe Orientierung für das detaillierte Quellenstudium dienen

Sachverhalt	**Anspruchsgrundlage/ Begründung**	**Varianten**	**Preisniveau bei Vereinbarung der VOB/B als AGB** (VOB/B Fassung 2016)	**Preisbildung BGB** (Fassung ab 1.1.2018)	**Bemerkungen**	**Rechtsquellen** (die VOB/B-Paragrafen gelten nur bei Vereinbarung der VOB/B als AGB)	**Besonderheiten in Verträgen mit dem „Verbraucher"** - VOB/B nicht als AGB vereinbart
Arbeit „ohne Auftrag"	**im Regelfall keine**	<u>**Entfernen**</u> der Leistung notwendig.	entfällt		ggf. zusätzlich Schadenersatz für AG	VOB/B § 2 Abs. 8 Nr. (1)	***§ 241a Unbestellte Leistungen*** *(1) Durch die Lieferung unbestellter Sachen oder durch die Erbringung unbestellter sonstiger Leistungen durch einen Unternehmer <u>an einen Verbraucher</u> wird ein Anspruch gegen diesen nicht begründet.* **Sonderregelung bei Widerruf beachten!**
	ungerechtfertigte Bereicherung	• notwendige Leistung • mutmaßlicher Wille des AG • „nützliche" Leistung, die der AG behält	**ortsüblicher** Preis			BGB § 677 ff. (Geschäftsführung ohne Auftrag) – zur Gefahrenabwehr oder Schadensminderung. (auch beim Verbraucher) ▶ VOB/B § 2 Abs. 8 Nr. (2) mit Verweis auf Abs. 5 + 6	

Auftrag erteilt (bzw. Anordnung nach BGB § 650b) ohne Vereinbarung der Vergütungshöhe (bzw. ohne Einigung über die Vergütungshöhe)	Vergütung dem Grunde nach unstrittig; Streit über die Höhe der Vergütung	notwendige Zusatzleistungen	**Grundlagen der Preisermittlung für die bereits vereinbarte vertragliche Leistung und <u>besondere Kosten</u> der geforderten Leistung. (mindestens in tatsächlich erforderlicher Höhe)**	**Bei Anordnung der Leistung: tatsächlich erforderliche Kosten + angemessene Zuschläge für AGK, Wagnis und Gewinn oder Kalkulation auf Basis der hinterlegten Urkalkulation.**	<u>**keine**</u> Vergütung bei Planung durch AN und Anordnung durch AG (BGB)	BGB § 650c VOB/B § 1 Abs. 4 + § 2 Abs. 8 Nr. (2) mit Verweis auf Nr. 5 + 6	***Wenn BGB 650 c nicht zutrifft: § 632 Vergütung*** *(1) Eine Vergütung gilt als stillschweigend vereinbart, wenn die Herstellung des Werkes den Umständen nach nur gegen eine Vergütung zu erwarten ist. (2) Ist die Höhe der Vergütung nicht bestimmt, so ist bei dem Bestehen einer Taxe die taxmäßige Vergütung, in Ermangelung einer Taxe <u>die übliche Vergütung</u> als vereinbart anzusehen.*
		nicht notwendige Leistungen als Zusatzleistungen vereinbart			Bei Anordnung durch AG => BGB § 650c	VOB/B § 2 Abs. 6 Nr. 1+2	
		nicht notwendige Leistungen als selbständige Leistung einvernehmlich als Zusatzleistung deklariert. („Hauptauftrag" läuft noch auf der Baustelle)			Unterschiedliche Auffassungen in der Rechtsprechung. • Ortsüblicher Preis • Tatsächliche Kosten + angemessene Zuschläge		
		selbständiger Auftrag ohne Bezug zu einem anderen Auftrag	Unternehmer konnte eigentlich den Preis frei aushandeln. **„Ortsüblicher"** Preis.			VOB/B § 1 Abs. 4 letzter Satz	

Sachverhalt	Anspruchs-grundlage/ Begründung	Varianten	Preisniveau bei Vereinbarung der VOB/B als AGB (VOB/B Fassung 2016)	Preisbildung BGB (Fassung ab 1.1.2018)	Bemerkungen	Rechtsquellen (die VOB/B-Paragrafen gelten nur bei Vereinbarung der VOB/B als AGB)	Besonderheiten in Verträgen mit dem „Verbraucher“ - VOB/B nicht als AGB vereinbart
Auftrag erteilt (bzw. Anordnung nach BGB § 650b) ohne Vereinbarung der Vergütungshöhe (bzw. ohne Einigung über die Vergütungshöhe) (Fortsetzung)	Vereinbarung von <u>Beschleunigungskosten</u> ggf. für einen neuem Vertragstermin.	Es war vorgesehen, vor Beginn der Beschleunigung der Arbeiten die Vergütung zu bestimmen, dies wurde aber unterlassen.	Grundlagen der Preisermittlung für die bereits vereinbarte vertragliche Leistung und besondere Kosten der geforderten Leistung	Bei Anordnung des AG zur Beschleunigung Kalkulation nach BGB § 650c (Tatsächlich erforderliche Kosten + angemessene Zuschläge für AGK, Wagnis und Gewinn oder Kalkulation auf Basis der hinterlegten Urkalkulation.)		VOB/B §4 Abs.1 Nr.4 Bei Anordnung nach BGB § 650b Kalkulation nach BGB § 650c	s.o. BGB § 632, ... jedoch eindeutiger Schriftverkehr und Auftrag zur Beschleunigung notwendig. Hinweis des AN auf Mehrkosten + Eindeutige Erklärung des AG zur Übernahme dieser notwendig einschl. Prozedere zum **Widerrufsrecht! (Beginn in der Widerrufsfrist)**
		Vereinbarung zur Abrechnung nach Abschluss aller Auswirkungen	**<u>Nach</u>**kalkulation auf Basis der Ist-Kosten mit Zuschlägen (min. 5,26 % oder kalkulierter Zuschlag)		Kalkulationsgrundlage nur aus der Aktenlage oder einvernehmlichen Parteienvortrag zu ermitteln (keine SV-Aufgabe im Gerichtsgutachten)		

Auftrag erteilt (bzw. Anordnung nach BGB § 650b) ohne Vereinbarung der Vergütungshöhe (bzw. ohne Einigung über die Vergütungshöhe) (Fortsetzung)	Einvernehmliche Einigung über Vergütung der <u>behinderungsbedingten Mehrkosten</u> (dem Grunde nach).	Es war vorgesehen, vor Wiederaufnahme der Arbeiten die Vergütung zu bestimmen, dies wurde aber unterlassen.	Grundlagen der Preisermittlung für die bereits vereinbarte vertragliche Leistung und besondere Kosten der geforderten Leistung. Zusätzlich ggf. für den AN unabwendbare Kostenerhöhungen (Lohn, Material)	Vorzugsweise versuchen, das Verfahren nach BGB § 650b + c anzuwenden. oder Ist-Kosten auf Nachweis und kalkulatorische Zuschläge.	Ohne der Vereinbarung der VOB/B als AGB möglichst Einigung über die Art der Abrechnung. Ein „ortsüblicher" Preis ist bei hindernden Umständen nicht bestimmbar.	BGB § 642 Abs.2 VOB/B § 6 Abs. 6 + ggf. Schadenersatz bei Vorsatz oder grober Fahrlässigkeit.	BGB § 642 (Mitwirkung des Bestellers)
		Vereinbarung zur Abrechnung nach Abschluss aller Auswirkungen	**<u>Nach</u>**kalkulation auf Basis der Ist-kosten mit ggf. Anpassung an das Preisniveau des Hauptauftrages		Kalkulationsgrundlage nur aus der Aktenlage oder Parteienvortrag zu ermitteln (<u>keine SV-Aufgabe im Gerichtsgutachten</u>)		

Sachverhalt	Anspruchs-grundlage/ Begründung	Varianten	Preisniveau bei Vereinbarung der VOB/B als AGB (VOB/B Fassung 2016)	Preisbildung BGB (Fassung ab 1.1.2018)	Bemerkungen	Rechtsquellen (die VOB/B-Paragrafen gelten nur bei Vereinbarung der VOB/B als AGB)	Besonderheiten in Verträgen mit dem „Verbraucher“ - VOB/B nicht als AGB vereinbart
Notwendige Leistung. Keine Anordnung des Auftraggebers sondern ein üblicher Streit, ob die Leistung durch den Vertrag bereits geschuldet ist. Vergütungsforderung des AN für einen Nachtrag, der dem Grunde nach strittig ist.	**keine** Ankündigung des Vergütungsanspruches durch AN erfolgt	1. notwendige Leistung 2. AG musste von der Entgeltlichkeit ausgehen 3. AG blieb keine Alternative zur sofortigen Ausführung 4. Ankündigung hätte die Lage des AG nicht verbessert	Grundlagen der Preisermittlung für die bereits vereinbarte vertragliche Leistung und besondere Kosten der geforderten Leistung	Die Kommentare beziehen sich auf einen Vertrag, in dem die VOB/B als AGB vereinbart wurden. Die dortige Ankündigungspflicht ist im BGB nicht zu finden. Da es an einem „Begehren“ des AG fehlt, ist BGB § 650b nicht anwendbar.	Rechtsgrundlage ist vor der Kalkulation zu ermitteln.	BGH, Urteil vom 23.05.1996 – VII ZR 245/94; und OLG Schleswig vom 4.4.2018 -12 U4/18 VOB/B § 2 Abs. 6 Nr. 1+2	im Regelfall keinen Vergütungsanspruch Sonderfall: BGB § 680: Geschäftsführung ohne Auftrag zur Gefahrenabwehr. Dann aber zeitnahe nachträgliche Ankündigung des Vergütungsanspruches notwendig.

	Ankündigung des Vergütungsanspruches dem Grunde nach durch den AN ist erfolgt.	• AG hat nicht reagiert • AG hat widersprochen	Grundlagen der Preisermittlung für die bereits vereinbarte vertragliche Leistung und besondere Kosten der geforderten (notwendigen) Leistung.	Bei Widerspruch des AG kann BGB 650b herangezogen werden, wenn der AG die Leistung fordert. Reagiert der AG nicht fehlt es an dieser Grundlage. **Achtung: hat der AN geplant, bekommt er keine Vergütung für notwendige Leistungen.**	Rechtsgrundlage ist vor der Kalkulation zu ermitteln. Es sind zusätzlich zu prüfen: • Vertragstyp (z.B. Pauschale erfasst?) • Nebenleistungen? • Abrechnung in anderen Abrechnungsteilen (Hauptpositionen, Stundenlohnarbeiten usw.)		

Leistungsänderung beim Einheitspreisvertrag	Mehrmengen	Mehrmengen aus „dem ursprünglichen Leistungsumfang heraus“ (aufgrund vorgefundener Verhältnisse ohne Anordnung durch AG)	bis 110% unverändert; darüber hinaus auf Verlangen **neuer** Preis für Menge über 110%. **Dabei** Lösen von der Urkalkulation möglich (BGH, Urteil vom 08.08.2019, VII ZR 34/18), tatsächlich erforderliche Kosten + angemessene Zuschläge.	AN sollte Anordnung des AG zur Ausführung der Mehrmengen herbeiführen. Dann Kalkulation nach BGB § 650c; außer AN hat geplant, dann **kein** Vergütungsanspruch für **notwendige** Leistungen	Nur wenn Mengen z.B. aufgrund von Ausschreibungsfeh lern sich ändern. Nachträgliche Planänderungen sind mit dieser (110 %)-Grenze nicht erfasst!	VOB/B § 2 Abs. 3 Nr. 1+2.	keine Änderung des Einheitspreises, wenn keine Regelung im Vertrag.

Sachverhalt	Anspruchs-grundlage/ Begründung	Varianten	Preisniveau bei Vereinbarung der VOB/B als AGB (VOB/B Fassung 2016)	Preisbildung BGB (Fassung ab 1.1.2018)	Bemerkungen	Rechtsquellen (die VOB/B-Paragrafen gelten nur bei Vereinbarung der VOB/B als AGB)	Besonderheiten in Verträgen mit dem „Verbraucher" - VOB/B nicht als AGB vereinbart
Leistungsänderung beim Einheitspreisvertrag (Fortsetzung)	Mehrmengen aufgrund von Anordnung des AG	Mehrmengen durch **An-ordnung** (zusätzlicher Leistungen) des AG; auch Planänderung.	Zunächst Grundlagen der Preisermittlung und besondere Kosten. Der Vorteil eines höheren EP bis 110 % darf dem AN nicht verloren gehen. Weitere Kalkulation nach VOB/B § 2 Abs. 3 möglich.	Kalkulation nach BGB § 650 b + c	Änderung der Leistungsbeschreibung schließt die direkte Anwendung von VOB/B § 2 Abs. 3 aus.	BGB § 650 b + c Bei VOB/B als AGB zunächst VOB/B § 2 Abs. 6 jedoch mit eingeschränktem Ankündigungserfordernis, da „Anordnung".	Eindeutiger Auftrag des AG notwendig. Keine Änderung des Einheitspreises, wenn keine Regelung im Vertrag. Bei Anordnung gem.- BGB § 650 b erfolgt Berechnung nach BGB § 650 c
	„Mindermengen"	Mindermengen aus „dem ursprünglichen Leistungsumfang heraus" ohne Anweisung des AG	EP erhöhen, wenn kein Ausgleich erfolgt. Verteilung von BGK, AGK, Gewinn und betriebliche Wagnisse auf die geringere Menge.	Bei Anordnung des AG als Teilkündigung („freie Kündigung") behandeln. BGB§ 648 s.a. ▼	Bei VOB/B als AGB nur bei Unterschreitung unter 90 % **ein** neuer Preis	VOB/B § 2 Abs. 3 Nr.3	keine Änderung des Einheitspreises, wenn keine Regelung im Vertrag.
	Eigene Ausführung durch AG („Teilkündigung")		Berechnung wie Kündigung (bzw. Teilkündigung)	BGB§ 648 vereinbarte Vergütung abzüglich	BGB und VOB/B ähnlich	BGB § 648 VOB/B § 8 Abs.1, Nr.2	BGB § 648, 5 % - Regel als Alternative möglich

Leistungsänderung beim Einheitspreisvertrag (Fortsetzung)	Teilkündigung durch AG als freie Kündigung	Mindermenge	Vereinbarte Vergütung abzüglich ersparter Aufwendungen				
	Teilkündigung durch AG aufgrund des Verschuldens des AN		Abrechnung nach VOB/B § 8 Abs. 3 auf der Basis des Vertrages und Schadenersatz aus Ausführung durch Dritte und weitergehender Schaden.	BGB 648a Teilkündigung muss sich auf „abgrenzbaren" Teil der Leistung beziehen	Zur Teilkündigung **unterschiedliche Bezugsgrößen in BGB und VOB/B** BGB ►"*abgrenzbarer Teil*" VOB/B ► „*in sich abgeschlossener Teil*"	BGB 648a VOB/B § 8 Abs. 3	BGB § 648a z.T. auch nach BGB § 346
	Durch AG angeordnete Leistungsänderung (Änderung des Bauinhaltes und der Bauumstände)		Auftrag mit „neuem" Preis unter Berücksichtigung der Mehr- und Minderkosten	tatsächlich erforderliche Kosten + angemessene Zuschläge für AGK, W+G oder Kalkulation auf Basis der hinterlegten Urkalkulation.	ohne Vereinbarung der VOB/B als AGB kann der Preis „aufgebessert werden"	BGB §650b + §650c VOB/ § 2 Abs. 5 + 6	Eindeutige Anordnung des AG notwendig. Einigung über Preis möglichst vor Ausführung. **Widerrufsbelehrung notwendig!**

Sachverhalt	Anspruchs-grundlage/ Begründung	Varianten	Preisniveau bei Vereinbarung der VOB/B als AGB (VOB/B Fassung 2016)	Preisbildung BGB (Fassung ab 1.1.2018)	Bemerkungen	Rechtsquellen (die VOB/B-Paragrafen gelten nur bei Vereinbarung der VOB/B als AGB)	Besonderheiten in Verträgen mit dem „Verbraucher“ - VOB/B nicht als AGB vereinbart
Leistungsänderung beim Pauschalpreisvertrag	ohne „Anordnung“ schwierig	**notwendige** Mehrmengen aus „dem ursprünglichen Leistungsumfang heraus“ (aufgrund vorgefundener Verhältnisse)	Varianten: • „Erheblichkeitsgrenze“ überschritten damit Ausgleichsanspruch (von den Grundlagen der Preisermittlung ist auszugehen) • bei „Verschulden bei Vertragsabschluss“ keine „Erheblichkeitsgrenze“. Schadenersatz auf der Grundlage der Istkosten	Abhängig von der „Planung“ (im weitesten Sinne). und Anordnung Hat • AN geplant ▶ keine Vergütung • AG geplant ▶ ggf. Vergütung	In der Praxis häufig unklar, was „pauschaliert“ wurde. (Menge, Leistung, Funktionserfüllung)	nur bei Anordnung BGB § 650b BGB § 242 VOB/B § 2 Abs.7, Nr.1 wobei § 2 Abs. 4, 5 und 6 unberührt bleiben	Zuerst Klärung, wer Mengenermittlung vorgenommen hat. Wenn Mengenermittlung vom AN, dann kaum Ansprüche durchsetzbar. „Notlösung“ BGB § 313 (Störung der Geschäftsgrundlage)

Leistungsänderung beim Pauschalpreisvertrag (Fortsetzung)	Mehrmengen aufgrund von <u>Anordnung</u> des AG	Mehrmengen durch **Anordnung** (zusätzlicher Leistungen) des AG; auch Planänderung.	Zunächst Grundlagen der Preisermittlung und besondere Kosten der geforderten Leistung	1. Vertragsmenge zum Vertragspreis. 2. für Mehrmengen tatsächlich erforderliche Kosten + angemessene Zuschläge für AGK, W +G oder Kalkulation auf Basis der hinterlegten Urkalkulation.			Vor Ausführung schriftliche Beauftragung mit Vereinbarung zur Vergütungshöhe sinnvoll. **oder Anordnung des AG.** **Widerrufsbelehrung notwendig!**
	Mindermenge	Mindermengen ohne Anordnung aus „dem ursprünglichen Leistungsumfang heraus“	im Regelfall keine Ausgleichspflicht des AN				im Regelfall keine Ausgleichspflicht des AN
	Ausführung durch AG		Berechnung wie Kündigung (bzw. Teilkündigung)	BGB§ 648 vereinbarte Vergütung abzüglich ersparter Aufwendungen oder 5% der vereinbarten Vergütung für gekündigten Teil		BGB § 648 VOB/B § 8 Abs.1, Nr.2	Berechnung wie Kündigung (bzw. Teilkündigung) BGB § 648
	Teilkündigung durch AG als freie Kündigung	Mindermenge	Varianten: • Vereinbarte Vergütung abzüglich ersparter Aufwendungen • es sind Wertrelationen zu Preisrelationen zu bilden			BGB § 648 VOB/B § 8 Abs.1, Nr.2	

Sachverhalt	**Anspruchs-grundlage/ Begründung**	**Varianten**	**Preisniveau bei Vereinbarung der VOB/B als AGB** (VOB/B Fassung 2016)	**Preisbildung BGB** (Fassung ab 1.1.2018)	**Bemerkungen**	**Rechtsquellen** (die VOB/B-Paragrafen gelten nur bei Vereinbarung der VOB/B als AGB)	**Besonderheiten in Verträgen mit dem „Verbraucher"** - VOB/B nicht als AGB vereinbart
Leistungsänderung beim Pauschalpreisvertrag (Fortsetzung)	Teilkündigung des AG aufgrund des Verschuldens des AN		es sind Wertrelationen zu Preisrelationen zu bilden. + Schadenersatz für AG aus Ausführung durch Dritte und weitergehender Schaden.	BGB § 648a (2) *„Eine Teilkündigung ist möglich; sie muss sich auf einen abgrenzbaren Teil des geschuldeten Werks beziehen."*		BGB § 648a	wie gesetzliches Leitbild nach BGB § 648a
	Durch AG <u>angeordnete</u> Leistungsänderung	Änderung des Bauinhaltes und /oder der Bauumstände	Abrechnung auf der Grundlage von Wertrelationen; alternativ: tatsächlich erforderliche Kosten + angemessene Zuschläge für AGK, Wagnis und Gewinn	tatsächlich erforderliche Kosten + angemessene Zuschläge für AGK, Wagnis und Gewinn oder auf Basis Urkalkulation.	auch mit Hilfe von Vergleichstabellen möglich	BGB § 650b + § 650c	wie gesetzliches Leitbild

Sachverhalt	**Anspruchs-grundlage/ Begründung**	**Varianten**	**Preisniveau bei Vereinbarung der VOB/B als AGB** (VOB/B Fassung 2016)	**Preisbildung BGB** (Fassung ab 1.1.2018)	**Bemerkungen**	**Rechtsquellen** (die VOB/B-Paragrafen gelten nur bei Vereinbarung der VOB/B als AGB)	**Besonderheiten in Verträgen mit dem „Verbraucher“** - VOB/B nicht als AGB vereinbart
Schadenersatz	Schadenersatz für **AG**	pauschalierter Schadenersatz (z.B. aus Terminüberschreitung des AN)	Pauschale mit konkretem Tagesbezug. Bestimmung ggf. erst nach Feststellung des modifizierten Fertigstellungstermins;	Im BGB an verschiedenen Stellen (z.B.): • allgemein BGB: §§ 280 ff. • Mängel BGB § 634 • Kündigung aus wichtigem Grund BGB § 648a Abs. 6	Pauschale Vertragsstrafe unter den Voraussetzungen 1. Wirksame Vertragsstrafenvereinbarung 2. „Hauptverbindlichkeit“ an die die Vertragsstrafe „gekoppelt“ ist 3. Vertragsstrafe tatsächlich verwirkt 4. Verschulden des Vertragspartners 5. Vorbehalt der Vertragsstrafe bei Abnahme (bzw. in Schlusszahlungsfrist)		Pauschale nur bei ausdrücklicher vertraglicher Vereinbarung

Schadenersatz	Schadenersatz für **AG**	konkreter Schadenersatz	detaillierter Nachweis des tatsächlich eingetretenen Schadens durch AG notwendig	Schadenersatz nur bei Verschulden des AN		immer möglich
	Schadenersatz für **AN**	konkreter Schadenersatz	detaillierter Nachweis des tatsächlich eingetretenen Schadens; Hat mit dem Preisniveau des Auftrages oder „ortsüblichen Preisen" nichts zu tun!	Nachweis wie Nachtrag, jedoch ohne Bezug zum Preisniveau des Vertrages. AN wird weder „reicher" noch „ärmer"	fehlende „Mitwirkung des Bestellers" gem. BGB § 642 kann sich auf unterschiedliche „Handlungen" des AG beziehen.	
Minderung	Anspruch des AG für mangelhafte Leistung des AN	Ablehnung der Mangelbeseitigung durch Auftraggeber wegen Unzumutbarkeit	Verschiedene Verfahren bekannt. Vorzugsweise Wertrelationen als Grundlage der Vergütungsminderung. Achtung: Zeitpunkt des Vertragsabschlusses ist maßgebend.	SV muss auf Konkurrenz der Ermittlungsverfahren hinweisen!	BGB § 638 (nicht neu) VOB/B § 13 Abs. 6 mit Bezug auf BGB § 638	keine Besonderheiten (gesetzliches Leitbild des BGB § 638)

Streit über Stundenlohn	Leistung erbracht	keine Vereinbarung für die Vergütung	• ortsübliche Vergütung; • ist diese nicht zu ermitteln, Aufwendungen des AN bei **wirtschaftlicher Betriebsführung** und **angemessene** Zuschläge für AGK, Wagnis, Gewinn.	ortsübliche Vergütung gem. BGB § 632 Bei Anordnung von Stundenlohnarbeiten: tatsächlich erforderliche Kosten + Zuschläge für AGK, Wagnis und Gewinn oder auf Basis der Urkalkulation.	Die Abweichung von der ortsüblichen Vergütung kann bei Vereinbarung der VOB/B als AGB zu einer höheren Vergütung führen, da die wirtschaftliche Betriebsführung die Grundlage ist.	VOB/B §15 Abs.1,Nr.2	gesetzliches Leitbild
		Zweifel über Umfang der Stundenlohnarbeiten	wirtschaftlich vertretbarer Aufwand an Zeit und Verbrauch von Stoffen.		Beim Streit über die Höhe: AN muss Menge der Stunden beweisen, AG muss unwirtschaftlichen Betrieb beweisen.	Berechnung nach VOB/B §15 Abs.1, Nr.2	

5.3 Umsetzung in der Praxis

Nachträge bei schlechtem Preis

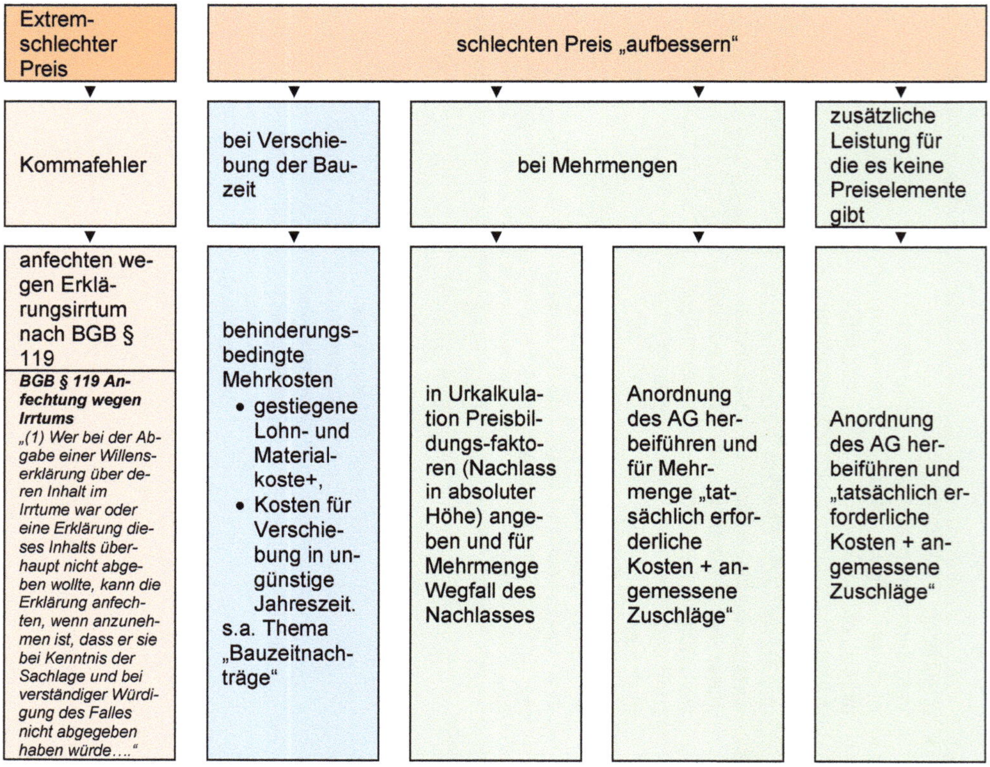

Nachträge bei gutem Preis

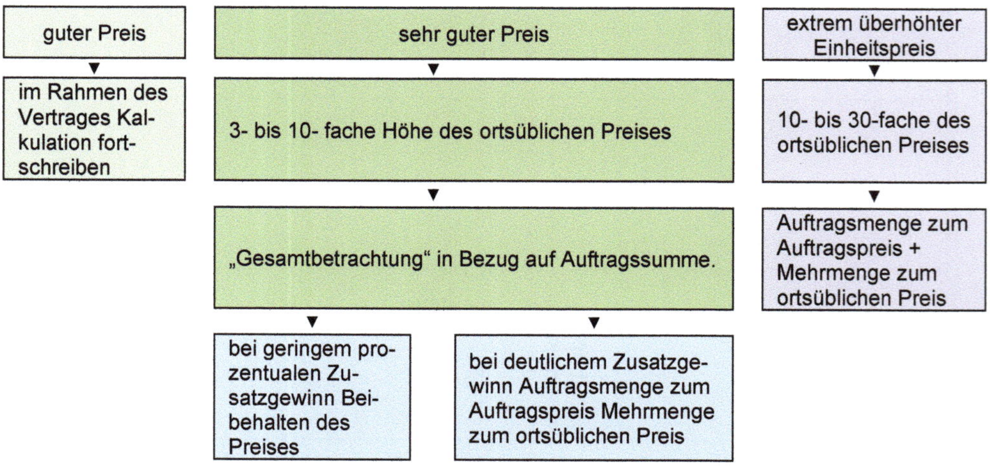

6 Der „ortsübliche" Preis – eine alte Praxislösung beim Streit über die Vergütung

Der „ortsübliche" Preis wird immer dann für die Nachtragsberechnung herangezogen, wenn andere Möglichkeiten der Nachtragskalkulation nicht bestehen. [28]
Der ortsübliche Preis kann z.B. eine „Auffanglösung" sein, wenn

- eine nicht notwendige Leistung in einem gesonderten Vertrag erbracht wird und es keine Vereinbarung zum Preis gibt,
- ein Einheitspreis im Angebot wegen der geringen Ausschreibungsmenge wesentlich über dem ortsüblichen Preis liegt und später eine wesentlich höhere Menge ausgeführt werden muss (ortsüblicher Preis für die über 100% der Ausschreibungsmenge hinausgehende Menge).

Grundlage ist die Regelung in BGB § 632

> ***BGB § 632 Vergütung***
> *(1) Eine Vergütung gilt als stillschweigend vereinbart, wenn die Herstellung des Werkes den Umständen nach nur gegen eine Vergütung zu erwarten ist.*
> *(2) Ist die Höhe der Vergütung nicht bestimmt, so ist bei dem Bestehen einer Taxe die taxmäßige Vergütung, in Ermangelung einer Taxe die übliche Vergütung als vereinbart anzusehen.*

aus der Rechtsprechung (nach IBR)
„1. Der Werklohn ist kein einigungsrelevanter Vertragspunkt.
2. Auch bei fehlender Einigung über die Höhe des Werklohns ist ein Vertragsschluss zu bejahen, wenn sich die Parteien trotz des noch offenen Punkts erkennbar vertraglich binden wollen. Anzeichen für einen dahingehenden Bindungswillen kann die begonnene Vertragsdurchführung sein."
LG Nürnberg-Fürth, Urteil vom 12.03.2012 - 6 O 3415/07 [29]

Thesen:

- Der ortsübliche Preis kann nicht durch Befragung anderer Unternehmer ermittelt werden; schon gar nicht rückwirkend.
- Der ortsübliche Preis unterliegt zeitlichen und regionalen Schwankungen.

---

[28] **bzw. andere Möglichkeiten ausdrücklich in der ab 1.1.2018 geltenden Fassung des BGB ausgeschlossen werden.**
[29] Aus IBR

Schreiben zur Abrechnung, wenn ein Nachtrag abgelehnt wurde

Kalkulation des ortsüblichen Preises wegen fehlender Einigung über den Preis
Sehr geehrte Damen und Herren,
da wir zur Vergütungshöhe des dem Grunde nach berechtigten Nachtrages keine Einigung erzielen können, ist auf das gesetzliche Leitbild des BGB § 632 zurückzugreifen und zwar unabhängig davon, ob die VOB/B als AGB vereinbart wurde oder nicht. Nach den Bestimmungen des BGB § 632 Abs. 2 ist die (orts-)übliche Vergütung zu zahlen. Wir werden nun unsere Nachtragskalkulation auf dieser Grundlage durchführen.

Nachtragskalkulation

1. Bauvorhaben:
2. Nachtragsnummer (oder Sachverhalt) *z.B. zusätzlicher Einbau eines Bidets im Bad*
3. Raum, Achse, Bereich: *räumliche Zuordnung genau vornehmen, da geforderten Leistung ggf. später die gleichen Arbeiten in anderen Räumen ausgeführt werden sollen*
4. Ihre Anweisung vom ... / unsere Mehrkostenanmeldung vom ... / Ihr Widerspruch zur Kalkulation vom ...
5. Sachverhalt *(kann auch Ursache und Inhalt sein)*
6. *Die geforderte Leistung ist weder nach dem geschlossenen Vertrag noch nach der Verkehrssitte (Nebenleistungen des Teiles C der VOB) geschuldet.*
7. Anspruchsgrundlage (Preisniveau): *Da es sich um eine nicht notwendige Leistung handelt, gibt es verschiedene Möglichkeiten der Kalkulation. Für die Abrechnung ist gem. BGB § 632 die ortsübliche Vergütung zu bestimmen.*
8. Leistung: .....
9. *Es handelt sich um eine zusätzliche Leistung.*
10. Kalkulation:
    Auf der Grundlage des BGB § 632 wird der ortsübliche Preis nach der Indexmethode bestimmt.
    Der Index ergibt sich aus
    □ *der Indexentwicklung des ... Verbandes*
    □ *der Mitschreibung der Submissionsergebnisse für ...*
    □ *...*
11. Änderungen anderer Leistungsteile:
    □ Andere Leistungsteile sind von diesem Nachtrag nicht betroffen.
    □ Folgende Leistungen ändern sich aufgrund der hier beschriebenen Leistung ... eine Kalkulation hierzu ist uns derzeit noch nicht möglich.
    □ folgende Leistungen entfallen ...

Ein eingeführtes Verfahren zur Bestimmung des ortsüblichen Preises ist mit Hilfe des **Preisindexes** [30] möglich. Dabei sind ein zeitlicher und regionaler Bezug notwendig.

$$\textbf{Preis}_{\text{neu}}\ \textbf{(ortsüblicher Preis)} = \frac{\textbf{Preis}_{\text{alt}} \times \textbf{Index}_{\text{neu}}}{\textbf{Index}_{\text{alt}}}$$

$$\text{ortsübl. Preis im Jahre 2019} = 11{,}68\ €/m^2 = \frac{\text{(Preis im Jahre 2015) } 10\ €/m^2 \times \text{(Index Rohbauarbeiten 2019) } 106{,}9}{\text{(Index Rohbauarbeiten 2015) } 91{,}5}$$

[30] verändert nach Pfarr

Vorgehen:

1. **Auswahl einer geeigneten Indexreihe** (bei sehr aktuellen Vergleichspreisen kann die Einbeziehung der Indizes entfallen)
2. **Auswahl eines Vergleichspreises**
3. **Berechnung des neuen Preises**

Eine Mehrfachumrechnung ist möglich, wenn einzelne Kennzahlen fehlen

1. Beispiel: regionale Umrechnung; alles im März 2017

$$\text{ortsüblicher Preis in Hamburg} = \frac{\text{Preis in Mecklenburg-Vorpommern x Index}_{\text{Hamburg}}}{\text{Index}_{\text{Meck.-Pom.}}}$$

2. Beispiel: zeitliche Umrechnung für einen Ort

$$\text{Preis}_{2017} = \frac{\text{Preis}_{2007} \text{ x Index}_{2017}}{\text{Index}_{2007}}$$

3. Beispiel: Umrechnung von Rheinland-Pfalz im Jahre 2007 (Kleinstadt) nach NRW (Düsseldorf) im Jahre 2017

3.1 zunächst für 2007 Umrechnung von RP nach Düsseldorf

$$\text{Preis}_{\text{Düsseldorf 2007}} \text{ (10,90 €)} = \frac{\text{Preis}_{\text{RP}} \text{ (10,00 €) x Index}_{\text{Düsseld.}} \text{ (0,97)}}{\text{Index}_{\text{RP}} \text{ (0,89)}}$$

3.2. Umrechnung Düsseldorf von 2007 auf 2017

$$\text{Preis}_{\text{Düsseldorf 2017}} \text{ (12,25 €)} = \frac{\text{Preis}_{\text{Düsseld. 2007}} \text{ (10,90 €) x Index}_{\text{Düsseld. 2017}} \text{ (1,09)}}{\text{Index}_{\text{Düsseld.2007}} \text{ (0,97)}}$$

Für die Bestimmung des ortsüblichen Preises nach diesem Verfahren ist die Nutzung von Indizes notwendig, die die Baupreisentwicklung als relative Größe angeben. Am rationellsten ist hier die Nutzung der Veröffentlichungen des statistischen Bundesamtes bzw. der statistischen Landesämter. Die Genauigkeit der aus den Veröffentlichungen zu entnehmenden Indizes reichen im Regelfall aus.[31]

Indexwerte und Vergleichspreise werden auch von verschiedenen (gebührenpflichtigen) Portalen im Internet angeboten. Diese Dienste sind im Regelfall schon mit regionalen Indizies versehen.

Wird später im Rahmen der Vertragsabwicklung die Höhe des Nachtragspreises vom Auftraggeber bestritten, kann ein Widerspruch mit Darstellung der Vorgehensweise zur Bestimmung des ortsüblichen Preises hilfreich sein.

[31] Detaillierte Auskünfte geben erfahrungsgemäß die statistischen Landesämter auf (z.T. kostenpflichtige) Anfrage.

Widerspruch zu Ihrer Kürzung des Einheitspreises
hier: Abrechnung ortsüblicher Preise

Sehr geehrte Damen und Herren,
mit Ihrer Prüfung unserer Rechnung vom … kürzen Sie die Einheitspreise in folgenden Positionen in für uns nicht nachvollziehbarer Weise:

- ………………
- ………………
- ………………

Für die genannten Positionen ist der ortsübliche Preis zu bestimmen. Dies ist nicht durch eigene persönliche Schätzung des Auftraggebers möglich, sondern es sind möglichst objektive Ausgangswerte und Rechenverfahren anzuwenden.
Wir haben die Einheitspreise durch indexierte Umrechnung von Vergleichspreisen nach folgender Formel vorgenommen

$$\textbf{Preis}_{\text{neu}}\ \textbf{(ortsüblicher Preis)} = \frac{\textbf{Preis}_{\text{alt}} \times \textbf{Index}_{\text{neu}}}{\textbf{Index}_{\text{alt}}}$$

Die Indexwerte ergeben sich aus *(z.B. Indexreihe des statistischen Landesamtes für …).*
Der zugrunde zu legende „$\textbf{Preis}_{\text{alt}}$" ist aus der Sammlung … entnommen worden.
Wir hoffen, dass damit für Sie unsere Preisbildung nachvollziehbar ist und bitten den von uns ausgewiesenen Betrag/die Differenz des Kürzungsbetrages an uns auszuzahlen.

7 Die Grundlagen der Preisermittlung für die vertragliche Leistung

Die Grundlagen der Preisermittlung ergeben sich aus:

- **Unternehmerischen Absichten**, die in den Kennzahlen bzw. Nachlässen ihren Ausdruck finden und damit auch quantifizierbar sind,
- **Kennzahlen, die der Kalkulation** zugrunde gelegt werden,
- Auswahl einer **Zuordnungsvariante der Kennzahlen** (z.B. AGK als Konstante je Auftrag oder umsatzabhängig),
- **angewendeten Rechenverfahren** (Kalkulationsmethode).

Bei der Angebotskalkulation für den Vertrag besteht die **„unternehmerische Freiheit“** u.a. in der Zuordnung einzelner Kosten zu den AGK oder BGK und der Art der Beaufschlagung.

1. **Art der Umlage der AGK**
   Wenn in der Ausschreibung keine Angaben zur Berücksichtigung der AGK gemacht wurden hat der Unternehmer die Wahl der Zuordnung der AGK:
   - je Auftrag (als konstante Größe im Auftrag) oder bezogen auf die Auftragssumme,
   - mit unterschiedlich hohen oder einheitlichen Zuschlägen auf die EKT,
   - zeitunabhängig oder zeitabhängig,
   - mengenunabhängig oder mengenabhängig.

2. **Zuordnung einzelner Kosten zu AGK oder BGK**
   Der Unternehmer hat die Wahl, bestimmte Kosten (in der Praxis aus Gründen der einfacheren Handhabung) den AGK oder den BGK zuzuordnen. Beim Streit über das Preisniveau des Vertrages kann diese Zuordnung weder vom Sachverständigen noch vom Gericht erfolgen. Vielmehr hat hierzu immer der Unternehmer vorzutragen. Das betrifft z.B. die Kosten für
   - Bauleiter,
   - Transporter,
   - Lager,
   - Containermieten
   - usw.

3. Wenn der AN das LV erstellt hat, kann er die **Baustelleneinrichtung als separate Position oder als Zuschlag zu den EKT** kalkulieren. Weist das LV (unabhängig davon wer es erstellt hat) eine Position „Baustelleneinrichtung“ aus, ist damit immer noch nicht sicher, ob alle BGK (z.B. Bauleitergehälter) erfasst sind und wie die Aufteilung in zeitabhängige und zeitunabhängige Kosten erfolgt ist. Deshalb ist der AN gut beraten, den zeitabhängigen Teil der BGK (zumindest in der Urkalkulation) besonders auszuweisen.

4. **Baustellen-Gemeinkosten** können
   - zeitunabhängig oder zeitabhängig sein,
   - mengenunabhängig oder mengenabhängig sein,

- mit AGK „belastet“ werden oder nicht,
- in einer separaten Position „BE“ oder durch Zuschlag auf die Einzelpositionen kalkuliert sein.

5. **Wagnis und Gewinn** werden häufig in einer Summe zusammengefasst. Bei Änderungen der Vergütung wird die Aufteilung (zum Nachteil des Unternehmers) zu je 50% vorgenommen. Es liegt am Unternehmer, hier andere Verhältnisse nachzuweisen und außerdem für den Wagnisanteil in betriebsbezogene Wagnisse und leistungsbezogene Wagnisse zu unterscheiden. (s.a. Teil 2)

Die Konsequenzen bei Leistungsänderungen und Mengenänderungen sind unterschiedlich.

Ausgewählte Varianten aus der Tagespraxis, die unterschiedliche Auswirkungen auf die Berücksichtigung der BGK und AGK im Nachtrag haben:

1. Die Bauzeit verlängert sich durch Einflüsse aus dem Risikobereich des AG, die Mengen ändern sich nicht. Dem AN stehen höhere BGK zu, wenn er nachweist, die BGK (z.T.) zeitabhängig kalkuliert zu haben. Dann hat der AG jedoch das Recht, ggf. eine Differenzierung der BGK zu verlangen und nur den zeitabhängigen Teil zu vergüten. Hat der AN sie bezogen auf „einen Vertrag“ kalkuliert, wird das Durchsetzen von Ansprüchen schwieriger, da hier die Bezugsgröße der Gesamtauftrag ist.

2. Die Mengen werden größer, die Bauzeit verlängert sich entsprechend. Hat der AN die AGK und BGK anteilig als Zuschlag auf die Einzelkosten der Teilleistung kalkuliert sind mit der Abrechnung des Nachtrags diese im Regelfall schon gedeckt, wenn die Produktivität und der Geräteeinsatz sich nicht ändern. Sind die Mehrmengen nicht proportional zur Bauzeit gestiegen (Bauzeit länger als aus Proportionalität zur Mengenänderung), kann ein ergänzender „Bauzeitnachtrag“ gestellt werden.

3. Die Mengen werden größer, die ursprünglich vereinbarte Bauzeit soll bleiben. Bis zu einer Mengenmehrung von ca. 5 % geht man in der Baubetriebslehre davon aus, dass diese im Rahmen der vereinbarten Bauzeit erbracht werden können. Darüber hinausgehende Mengenmehrungen führen zu Ansprüchen auf verlängerte Bauzeit durch den Unternehmer, wenn er sich diese ausdrücklich vorbehält und die Arbeiten auf dem „kritischen Weg“ liegen bzw. dazu führen, dass sie zum kritischen Weg werden. Das gilt auch dann, wenn die Leistung einen „Bauzeitpuffer“ hat und der Unternehmer diesen zunächst nicht in Anspruch nimmt. (s.a. Bauzeitnachträge). Ein Einhalten der für die vertragliche (geringere) Menge vereinbarten Bauzeit für die nun größer werdende Menge würde eine Beschleunigung der Arbeiten erfordern. Hierfür steht dem Unternehmer eine Beschleunigungsvergütung zu, wenn er diese ausdrücklich vereinbart (ein Vorbehalt genügt oft nicht).

4. Die Mengen werden kleiner, die Bauzeit bleibt. Ist die Mengenunterschreitung größer als 10 % besteht im VOB/B-Vertrag eine Ausgleichsmöglichkeit über das

Verfahren nach § 2 Abs. 3 Nr. 3. Wenn die BGK mengenbezogen kalkuliert wurden, entsteht für den zeitabhängigen Teil der BGK eine Unterdeckung, wenn der Unternehmer die Einrichtungen nicht anderweitig einsetzen kann. Dies ist bei der Abrechnung gesondert nachzuweisen und zu berechnen. Dem Unternehmer stehen der Gewinn und der betriebsbezogene Wagnisanteil zu (bei VOB/B als AGB bei Mengenunterschreitung unter 90 %, ohne VOB/B unter 100 %).

5. Die Mengen werden kleiner, die Bauzeit verkürzt sich. Hier ist bei der Abrechnung zwischen einer Teilkündigung und einer Mengenminderung gem. VOB/B § 2 Abs.3 zu unterscheiden.

Unternehmerische Absichten werden u.a. durch folgende Einflüsse geprägt:

<table>
<tr><td rowspan="2">„Externe" Einflüsse, Marktumfeld</td><td>Konkurrenz</td><td>• Anzahl der Bieter
• Eizugsgebiet
• Konjunkturlage</td></tr>
<tr><td>Auftraggeber</td><td>• „Typ" (öffentlich/privat)
• Investitionsbereitschaft
• Zinsniveau für Investitionen</td></tr>
<tr><td rowspan="2">Interne Faktoren</td><td>Eigene Strategie</td><td>• Markterschließung
• Marktführerschaft
• Rückzug</td></tr>
<tr><td>eigene betriebswirtschaftliche Situation und Kennzahlen</td><td>• eigene Auslastung
• bisher im Geschäftsjahr erzielter Deckungsbeitrag
• Produktivität
• Kalkulationslohn
• Einkaufspreise
• interne Verrechnungssätze
• Höhe der AGK (gesamt)
• Kalkulationsverfahren und Art der Umlagen
• Liquidität
• Finanzielle Reserven
• eigener Gerätepark (Größe und Auslastung)</td></tr>
<tr><td rowspan="3">konkreter Vertrag</td><td>Baurechtliche Komponenten</td><td>• Qualität der Ausschreibungsunterlagen
• EP-Vertrag/Pauschalvertrag
• Vertragsbedingungen
• Höhe des Vorleistungsrisikos
• Nebenleistungen?
• Risikoübernahmen durch den AN
• Preisgleitklauseln im Vertrag
• baurechtliche Wagnisse</td></tr>
<tr><td>Baubetriebliche Komponenten der Ausführung</td><td>• Auftragsgröße
• konkrete Einkaufskosten (Material, NU)
• Bauzeit
• Jahreszeit
• örtlich Umstände (Verkehr, Nutzung, andere AN)
• Kolonnenzusammensetzung
• Maschineneinsatz
• Verrechnungssatz der Maschinen
• Kosten der BE
• Bauverfahren
• interne Finanzierungskosten
• Kalkulationswagnisse</td></tr>
<tr><td>Unwägbarkeiten</td><td>• Kalkulationsirrtümer
• Rechenfehler
• spekulative Ansätze des AN</td></tr>
</table>

Wenn der AN seinem niedrigen Preisangebot besondere (für den AG nicht ohne weiteres erkennbare Umstände) zugrunde gelegt hat, sollte er dies mit dem Angebot (z.B. im Anschreiben) deutlich machen. Was der AG nicht weiß, kann ggf. später nicht Grundlage der Nachtragskalkulation werden.

Beispiel bei einem „Füllauftrag":
„Dieses für Sie besonders günstige Preisangebot gilt nur für die von Ihnen vorgesehene Ausführungszeit im Februar 2021. Verschiebt sich die Ausführung, entstehen höhere Kosten, die in einem Nachtrag geltend gemacht werden müssen."

Bei Nachlässen in konkreter Höhe muss ein schlechter Preis nicht schlecht bleiben

In der Praxis gibt es Situationen, in denen der Unternehmer einen Nachlass in konkreter Höhe geben will. Das kann z.B. sein, wenn er noch Material am Lager hat, dass der ausgeschriebenen Menge entspricht und er mit dem Auftrag sein Lager räumen könnte. Will der Unternehmer in einer Position einen Nachlass nicht prozentual, sondern in konkreter Höhe geben sollte er dies deutlich machen.

z.B. „Der Nachlass gilt nicht für Nachträge" oder „Der Nachlass bezieht sich auf die Angebotskalkulation" oder „...der Nachlass bezieht sich auf den (Haupt)-auftrag" oder „der Nachlass bezieht sich auf die ausgeschriebene Menge".

Unterschiedlich hohe Zuschläge auf die Einzelkosten der Teilleistungen für Allgemeine Geschäftskosten

Ausgangspunkt:
Auf 500,-T€ Baukosten (einschl. BGK) sollen 100,- T€ AGK umgelegt werden.
Die durchschnittliche Beaufschlagung betrüge damit 20 %
Aufgrund der Marktsituation und des Charakters der eingesetzten Geräte werden beispielsweise folgende Zuschlagssätze festgelegt.
Festlegung der Zuschlagssätze der AGK

	Gerätekosten	**Materialkosten**	**Fremdleistungskosten Nachunternehmerkosten**
Zuschlag für Allgemeine Geschäftskosten auf ...	15,0 %	10,0 %	10,0 %

Zu berechnen sind jetzt die Rest - AGK (Zuschlagsatz) bezogen auf die Lohnkosten.

Einzelkosten der Teilleistung	**Lohnkosten**	**Geräte-kosten**	**Material-kosten**	**Fremdleistungskosten**	**Baustellengemeinkosten**	**Baukosten ohne AGK**
Summe EKT	210.000,-€	40.000,- €	110.000,- €	100.000,- €	40.000,- €	**500.000,- €**
AGK [%]	Z_L	15,0	10,0	10,0	ggf. 0	**20**
AGK [€]	x	6.000,- €	11.000,- €	10.000,- €	0	**27.000,- € + x**

Daraus ergibt sich eine Differenz der AGK in Höhe von 100.000,- € - 27.000,- € = 73.000,- € die (hier im Beispiel) auf die Lohnkosten umzulegen sind.
Der Zuschlagssatz Z_L errechnet sich wie folgt:

$$Z_L = \frac{\text{Rest-AGK (umzulegen)}}{\text{Summe Einzelkosten Lohn}} \times 100\ (\%)$$

Beispiel: Ermittlung Zuschlagssatz Lohn

$$Z_L = \frac{73.000,-\ €}{210.000,-\ €} \times 100\ (\%)$$

$$\mathbf{Z_L = 34,8\ \%}$$

In diesem Beispiel ergibt sich somit ein Zuschlagssatz von 34,8 %. Dieser Zuschlag liegt aufgrund der ungleichmäßigen Verteilung der Allgemeinen Geschäftskosten höher als der durchschnittliche AGK-Zuschlag von 20 %.

Beispielrechnungen
1. Störung des Bauablaufes (zusätzlicher Stundenaufwand) bei obigem Zahlengerüst:

Anteil der AGK - Vergütung des Unternehmers bei...	bezogen auf o.a. Rechenbeispiel
durchschnittlichem Zuschlag von 20 %	bei 50 €/Stunde Bezugsbasis ergeben sich ca. 10 €/Stunde AGK-Deckung
differenziertem Zuschlag von	bei 50 €/Stunde Bezugsbasis ergeben sich ca. 17,4 €/Stunde AGK-Deckung

2. Mengenmehrungen:
Da der Unternehmer seine AGK im wesentlichen durch die „Tätigkeit" auf der Baustelle deckt, sind diese bei Mengenmehrungen nicht zu reduzieren. Eine Reduzierung der Gerätekosten und der Baustellengemeinkosten bei Mengenmehrungen über 110 % (VOB/B § 2 Abs. 3) könnte vom AG ggf. für die zeitunabhängigen Kosten verlangt werden.

3. Leistungsänderungen
Beispiel (Wegfall der Maurerarbeiten und dafür Einsatz von Fertigteilen)

1. es fallen von den Lohnleistungen (insgesamt 210 T € x 1,348 =283.080 €) ohne Zutun des AG Leistungen in Höhe von 100 T€ (ohne AGK) weg,
2. es kommen auf Anweisung des AG teurere Materialien zum Einbau. Die Kostenerhöhung (ohne AGK) beträgt vereinbarungsgemäß 100 T€.

Was ergibt sich für den Unternehmer?
Aus

1. dem Wegfall der Lohnleistungen hat er eine Unterdeckung der AGK in Höhe von 34.800,- €
2. dem Einsatz eines teureren Materials hat er eine zusätzliche Deckung seiner AGK in Höhe von = 11.000,-€

Er bekommt also zusätzlich trotz gleicher Summen der direkten Kosten (EKT ohne AGK) für die entfallene und zusätzliche Leistung einen Ausgleich der AGK von 34.800,- € - 11.000,- € = **23.800,- €**

Hätte er mit einheitlichen Zuschlägen (in Höhe von 20 %) kalkuliert, bekäme er nichts.

8 Preisniveau des Vertrages

Sind sich Auftraggeber und Auftragnehmer einig, dass die Leistung auf dem Preisniveau des geschlossenen Vertrages zu kalkulieren ist, ist zusätzlich zu klären, ob die Abwicklung im Rahmen des geschlossenen Vertrages oder als gesonderter Vertrag erfolgt. Eine Unterscheidung für die Kalkulation gibt es nicht, wohl aber für folgende Aspekte der Vertragsabwicklung:

- Einbeziehung der Arbeiten in die Schlussrechnung oder separate Schlussrechnung,
- Abnahme gemeinsam mit der übrigen Bauleistung oder gesondert,
- Beginn und Lauf der Gewährleistung gemeinsam oder gesondert.

In der Baupraxis wird sich neben diesen Überlegungen die Entscheidung für die eine oder andere Variante insbesondere ergeben aus:

- Umfang der zusätzlich beauftragten Leistung,
- eindeutige Trennung von den anderen Arbeiten oder Verbindung mit diesen,
- Zeitlicher Zusammenhang oder deutliches Nacheinander der Arbeiten.

Wenn der Unternehmer auf dem Preisniveau des Vertrages „weiter"-kalkuliert hat er folgende methodischen Möglichkeiten:

1. **Übernahme der Einzelkosten der Teilleistung** aus anderen Positionen und Beaufschlagung der besonderen Kosten der geforderten Leistung mit den Zuschlägen für BGK, AGK, W + G. Diese Variante wird immer dann zu wählen sein, wenn unmittelbar vergleichbare Positionen bereits im Vertrag enthalten sind (z.B. zusätzlich zu den beauftragten Trennwänden aus Gipskarton solche mit größerer Materialstärke oder doppelter Beplankung). Ein Streitpotential gibt es häufig dann, wenn es für die besonderen Kosten keine vergleichbaren Kostenbestandteile gibt. Dann muss das Preisniveau des Vertrages bestimmt werden.

2. **Gibt es keine vergleichbaren Kostenbestandteile** für die zusätzlich geforderte Leistung kann nicht einfach nach irgendwelchen Preisen gesucht werden (die in der Baupraxis häufig für den Unternehmer nachteilig zu niedrig sind) sondern es ist auf der Grundlage von Vergleichstabellen das Preisniveau zu bestimmen und dieses (praktisch prozentual) fortzuschreiben.

Nachtragskalkulation

1. Bauvorhaben:
2. Nachtragsnummer (oder Sachverhalt) *z.B. Einbau eines zweiten Waschbeckens im Bad*
3. Raum, Achse, Bereich: *räumliche Zuordnung genau vornehmen, da geforderten Leistung ggf. später die gleichen Arbeiten in anderen Räumen ausgeführt werden sollen*
4. Unsere Verhandlung am ....
5. Sachverhalt *(kann auch Ursache und Inhalt sein)*
6. *Die geforderte Leistung ist weder nach dem geschlossenen Vertrag noch nach der Verkehrssitte (Nebenleistungen des Teiles C der VOB) geschuldet.*
7. Anspruchsgrundlage (Preisniveau): *Da es sich um eine nicht notwendige Leistung handelt, gibt es verschiedene Möglichkeiten der Kalkulation. Wir haben unser Angebot auf der Grundlage*
   □ *der Einzelkosten der Teilleistungen aus anderen Positionen und den besonderen Kosten der geforderten Leistung*
   □ *der äquivalenten Einheitspreise auf der Grundlage von Vergleichstabellen gebildet.*
8. Leistung:
   - □ *Es handelt sich um eine Mehrleistung, für die bereits ein Einheitspreis vereinbart wurde.*
   - □ *Es handelt sich um eine zusätzliche Leistung.*
9. Kalkulation:
   Auf der Grundlage der Auftragskalkulation kann festgestellt werden, dass
   □ *der vereinbarte Einheitspreis beibehalten werden kann, da sich die Einzelkosten der Teilleistung nicht ändern,*
   □ *der vereinbarte Einheitspreis erhöht werden muss, da folgende Einzelkosten der Teilleistung sich erhöhen .... und zwar um .... Damit ergeben sich folgende neuen Einheitspreise ...*
   □ *ein neuer Einheitspreis auf der Grundlage der Preisermittlung für die vertragliche Leistung und den besonderen Kosten der geforderten Leistung gebildet werden muss.*
   □ *ein neuer Einheitspreis auf dem Preisniveau des Vertrages mit Hilfe von Vergleichstabellen gebildet werden muss.*
10. Änderungen anderer Leistungsteile:
   □ Andere Leistungsteile sind von diesem Nachtrag nicht betroffen.
   □ Folgende Leistungen ändern sich aufgrund der hier beschriebenen Leistung ... eine Kalkulation hierzu ist uns derzeit noch nicht möglich.
   □ folgende Leistungen entfallen ...

Kalkulation von Leistungen bei denen es für die auszuführende Leistung keinen Einheitspreis und keine heranziehbaren Kostenbestandteile in der Auftragskalkulation gibt. „Berechnung“ des Einheitspreises wie bei Leistungsänderung über „Vergleichstabellen“ (alles Einheitspreise)

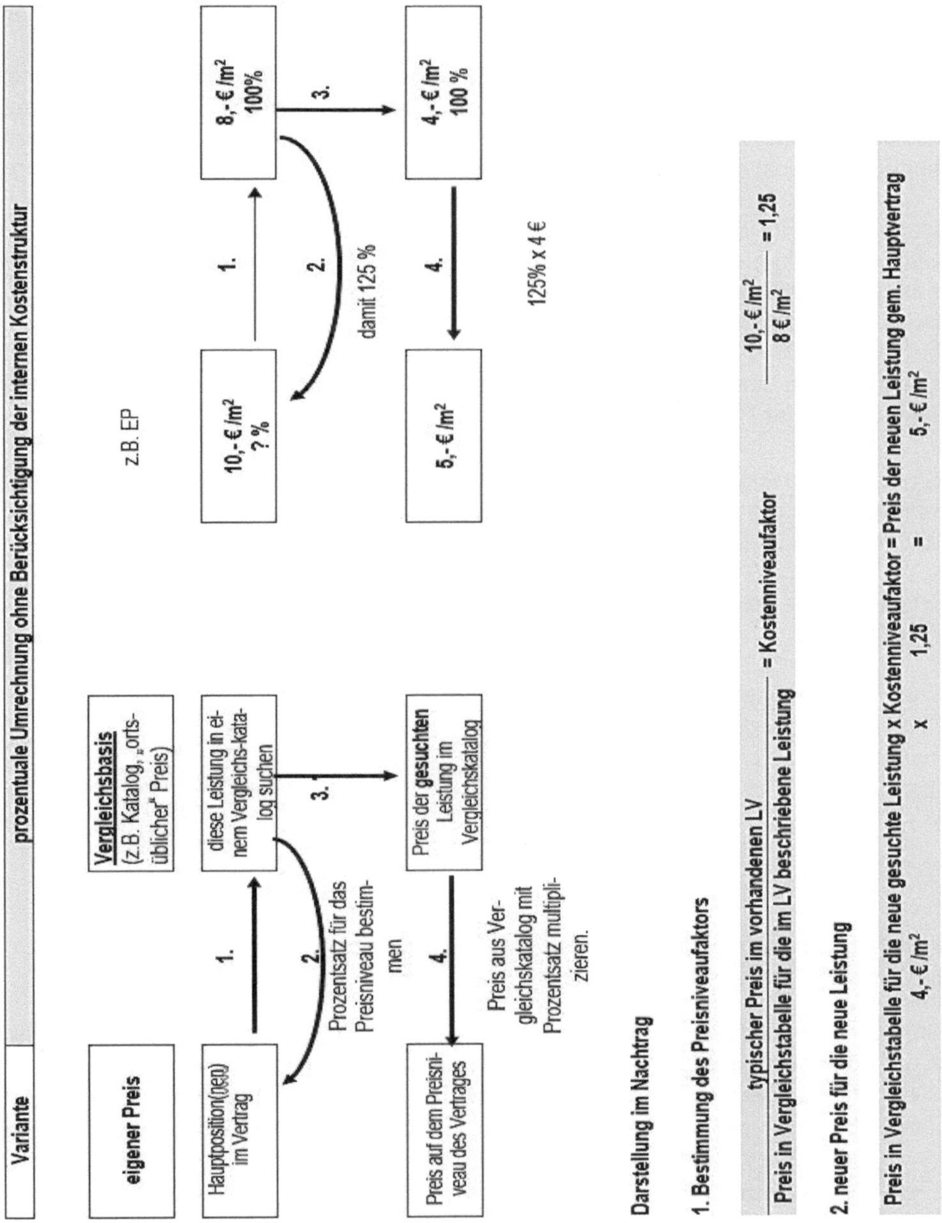

Bestimmung des Preisniveaus auf der Grundlage plausibler interner produktiver Kosten

Für die Fortschreibung des Vertragspreisniveaus wird mitunter das Preisniveau auf der Grundlage der produktiven Kosten und den Zuschlägen für AGK, Wagnis und Gewinn (ggf. auch BGK) in % ermittelt.
Mit diesem Vorgehen führt man zumindest die Selbstkosten für Material, Lohn, Nachunternehmer in der tatsächlichen Höhe ein. Es könnte deshalb von einer „Selbstkostenerstattungskalkulation“ gesprochen werden. Sind die Selbstkosten relativ hoch und wurde mit auskömmlichen Zuschlägen kalkuliert, ergeben sich damit auch „gute“ Preise für den Nachtrag.

Andererseits ergibt die Vereinbarung „schlechter“ Preise auch „schlechte Preise“ für den Nachtrag, obwohl hierfür keine Rechtsgrundlage gegeben ist. Der Unternehmer sollte also vor der grundsätzlichen Äußerung, dass er „…beim Preisniveau des Vertrages bleibt ...“ die Abschätzung der entstehenden Preise vornehmen.

1. Möglichkeit: nachträgliche Bestimmung einheitlicher prozentualer Zuschläge (Kleinaufträge im Handwerk)

Liegt keine Auftragskalkulation vor und wäre der Aufwand einer differenzierten Ermittlung des Preisniveaus des Auftrages nicht gerechtfertigt, können die Zuschläge („rückwärts“) aus einem typischen Einheitspreis ermittelt werden.

Bestimmung des Preisniveaus des Vertrages aus einem wesentlichen vergleichbaren Einheitspreis

$$\frac{\text{Einheitspreis einer wesentlichen vergleichbaren Position}}{\text{plausible produktive Kosten dieser Position}} = 1{,}xxx$$

Beispiel:

$$\frac{4\ €/\text{m}}{3\ €/\text{m}} = 1{,}33 \qquad \text{Zuschlag} \quad \boxed{\textbf{33 \%}}$$

Für alle weiteren nun zu kalkulierenden Positionen sind in diesem Beispiel auf die produktiven Kosten 33 % aufzuschlagen.

Wenn diese Vorgehensweise vom AG wegen des zu groben Ansatzes abgelehnt wird, lässt sich die Vorgehensweise noch „verfeinern“, indem der Zuschlag entweder

- über mehrere Positionen durch Durchschnittbildung der Prozentsätze oder
- über mehrere Positionen durch Durchschnittbildung der Prozentsätze unter Einbeziehung der Auftragsmengen oder
- die **Endsumme** (der produktiven Kosten) bestimmt wird.

Hinweise:

- Auch wenn man noch so kompliziert rechnet, es bleibt eine Scheingenauigkeit.
- Die realistischste Größe ergibt sich aus der Kalkulation über die Endsumme, dies ist aber dann für den AN von Nachteil, wenn er die „kleinen“ Positionen zu knapp kalkuliert hat.

Beispiel für die Durchschnittbildung der Prozentsätze auf der Grundlage ausgewählter Positionen

Pos.	**EP: prod. Kosten** in €			**Zuschlag in %**
1	4 : 3	=	1,33	33
2	4 : 4	=	1,00	0
3	6 : 5	=	1,20	20
4	8 : 7	=	1,14	14
			Summe der prozentualen Zuschläge	**67 : 4 Pos.**
			durchschnittlicher Zuschlag	**16,75 %**

Beispiel für die Durchschnittbildung der Prozentsätze auf der Grundlage ausgewählter Positionen unter Einbeziehung der Mengen (sinnvollerweise müssten die Positionen die gleiche Dimension haben):

Pos.	**EP: prod. Kosten** in €			**Zuschlag in %**	**Menge**	**Faktor zur Berücksichtigung der Zuschläge**	**anteiliger Zuschlag aus Gewichtung über die Menge**		
1	4 : 3	=	1,33	33	100	0,25	33 x 0,25	=	8,25
2	4 : 4	=	1,00	0	10	0,025	0 x 0,025	=	0
3	6 : 5	=	1,20	20	200	0,5	20 x 0,5	=	10
4	8 : 7	=	1,14	14	90	0,225	14 x 0,225	=	3,15
				Summe	400				
					Zuschlag nach Gewichtung =				**21,4 %**

Diese Art der Kalkulation kommt dem Verfahren der Kalkulation über die Endsumme sehr nahe. Der wesentliche Unterschied besteht darin, dass hier nicht sämtliche Positionen einbezogen werden. Dadurch erhält man ggf. realistischere Größen als bei der Kalkulation über die Endsumme mit der üblichen Einbeziehung aller Positionen (die ggf. frivol kalkuliert wurden).

2. Möglichkeit: Kalkulation mit differenzierten Zuschlägen aus den Angebotsunterlagen

In den o.a. Beispielen wurden durch verschiedene „Normierungsversuche“ die Zuschläge über die gesamten produktiven Kosten bestimmt, wie sie bei kleineren Handwerkeraufträgen häufig auch akzeptiert werden.
Bereits bei Angebotsabgabe kann auch der AN (z.B. in den EFB – Blättern) zur Angabe der Zuschläge auf die Einzelkosten der Teilleistung aufgefordert werden. In dieser oder ähnlicher Form, die auch (häufig in einem verschlossenen Umschlag) bei AG hinterlegt wird, kann späterer Streit über die Höhe der Zuschläge vermieden werden.

Beispiel

Zuschläge auf die Einzelkosten der Teilleistungen in % auf					
	Lohn	Stoffkosten	Geräte-kosten	Sonstige Kosten	Nachunter-leistungen
Baustellengemeinkosten					
Allgemeine Geschäftskosten					
Betriebsbezogenes Wagnis					
Leistungsbezogenes Wagnis					
Gewinn					
Gesamtzuschläge					

Variante

Zuschläge auf die Einzelkosten der Teilleistungen in % auf						
	Lohn	Stoffkos-ten	Geräte-kosten	Sonstige Kosten	Nachun-terneh-merleis-tungen	Baustel-lenge-meinkos-ten
Allgemeine Geschäftskosten						
Betriebsbezogenes Wagnis						
Leistungsbezogenes Wag-nis						
Gewinn						
Gesamtzuschläge						

Nachtragskalkulation: **kaufmännischer Geschäftsverkehr, BGB + VOB/B.**

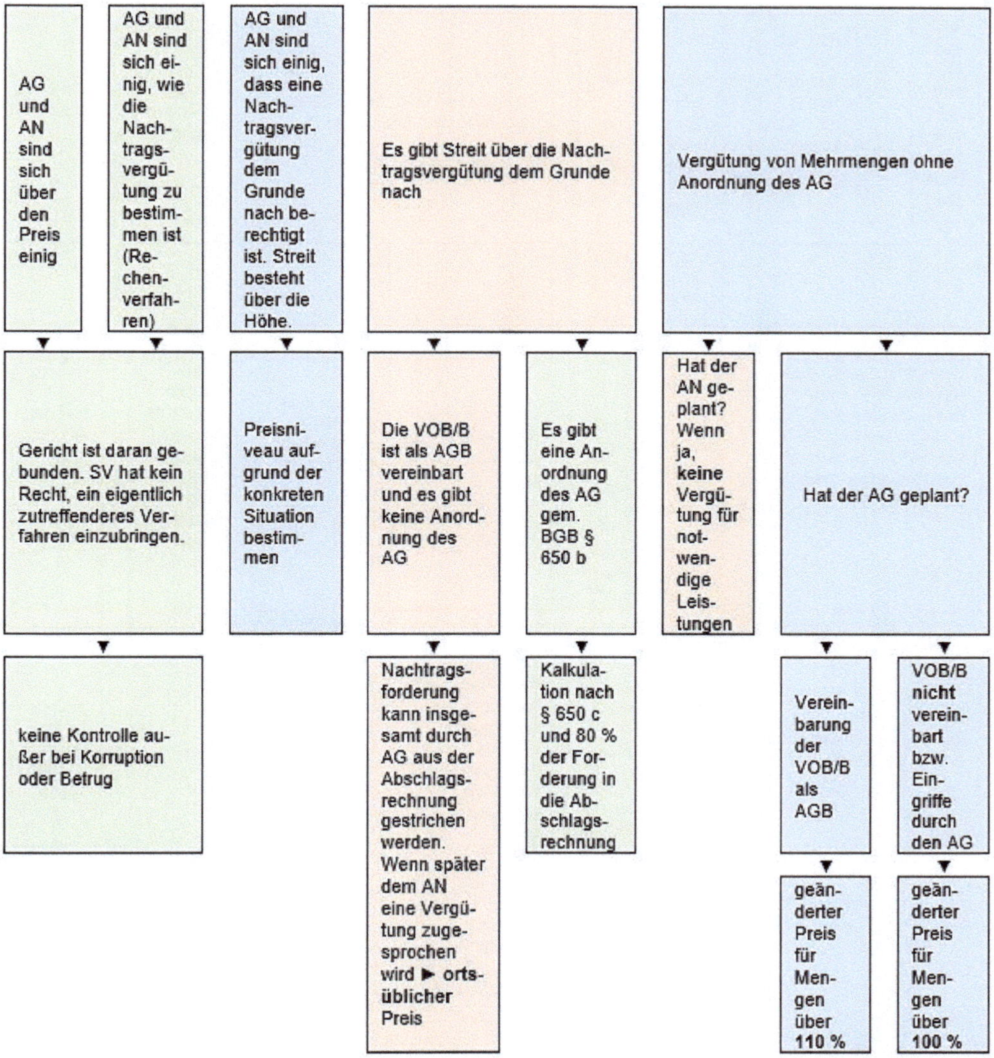

Nachtragskalkulation: **Privatkunde – Verbraucher, nur BGB**

AG und AN sind sich über den Preis einig	AG und AN sind sich einig, wie die Nachtragsvergütung zu bestimmen ist (Rechenverfahren)	AG und AN sind sich einig, dass eine Nachtragsvergütung dem Grunde nach berechtigt ist. Streit besteht über die Höhe.	Es gibt Streit über die Nachtragsvergütung dem Grunde nach		Vergütung von Mehrmengen ohne Anordnung des AG	
Gericht ist zunächst daran gebunden. Hinweise des Gerichtes gem. ZPO § 139 notwendig. SV hat kein Recht, ein eigentlich zutreffenderes Verfahren einzubringen.		Der AN hätte dem AG ein Nachtragsangebot mit dem Endpreis (Incl. MwSt.) unterbreiten müssen. War das bei zwingend notwendigen Leistungen nicht möglich (Schadensminderung durch Vermeiden von Stillstand), dann ▼	Es gibt **keine** Anordnung des AG.	Es gibt **eine** Anordnung des AG gem. BGB § 650 b	Hat der AN geplant? Wenn ja, keine Vergütung für notwendige Leistungen	Hat der AG geplant?
keine Kontrolle außer bei Betrug durch AN		Preisniveau aufgrund der konkreten Situation bestimmen	Nachtragsforderung kann insgesamt durch AG aus der Abschlagsrechnung gestrichen werden.	Kalkulation nach BGB §650c und 80 % der Forderung in die Abschlagsrechnung.		geänderter Preis für Mengen über 100%
			Wenn später dem AN eine Vergütung zugesprochen wird ► ortsüblicher Preis			

9. Besonderheiten im Schriftverkehr mit dem Verbraucher

Während im kaufmännischen Geschäftsverkehr eine Ankündigung des Vergütungsanspruches „dem Grunde nach“ häufig ausreichend ist, sind beim Verbraucher zusätzliche Informationen zu geben. Das betrifft u.a.

- Das Bestehen eines **Widerrufsrechtes** und die Aufforderung an den Auftraggeber zur Entscheidung, ob während der Widerrufsfrist mit den Arbeiten bereits begonnen werden soll, um Behinderungen im Bauablauf zu vermeiden und damit der Wegfall des Widerrufsrechtes
- Die Nennung eines **Endpreises** (brutto) bzw. wenn dies nicht möglich ist, die Preisbildungselemente.
- Die Auswirkungen auf die **Bauzeit.**

Beispiel Leistungsänderung

Angebot für eine alternative Ausführung

(Bitte Kopie dieses Schreibens mit Bestätigung bis zum .... zurückschicken)

Sehr geehrte Damen und Herren,
Sie haben uns am .... mitgeteilt, dass Sie die vertraglich vorgesehene Leistung ggf. anders ausgeführt haben möchten.
Das betrifft ....

Änderung
Die bisher vorgesehene Leistung ....
ändert sich wie folgt: ....
Unter Berücksichtigung von Mehr- und Minderkosten bieten wir Ihnen die Leistung nunmehr wie folgt an:
Der Endpreis für diese Leistung beträgt ..... € (netto) + ... % MwSt. = ... € brutto. Andere Kosten entfallen nicht*) /es entfallen die Kosten für ....*). Damit ändert sich die Gesamtvergütung für den Auftrag wie folgt: ....

Aufgrund Ihrer Anfrage haben Sie sich offensichtlich bereits über eventuelle Änderung der wesentlichen Eigenschaften informiert. Wir fassen diese hiermit nur noch kurz wie folgt zusammen: ....
Sollten Sie noch weitere Informationen über die Änderung der wesentlichen Eigenschaften benötigen, bitten wir Sie um Rücksprache vor Erteilung des Auftrages zur Leistungsänderung.

Durch o.g. Leistungsänderung bzw. -ergänzung ändern sich die vertraglich vorgesehenen Ausführungsfristen für .... Insgesamt beanspruchen wir eine voraussichtliche Verlängerung der Ausführungsfrist von ...... Tagen /Wochen*).

Erteilen Sie bitte Ihre Zustimmung oder Ihren Verzicht auf Leistungsänderung durch Unterzeichnung an den zutreffenden Stellen und Rückleitung der Kopie dieses Schreibens bis .... **damit keine Behinderungen wegen fehlender Entscheidungen entstehen**. Bitte beachten Sie, dass wir aufgrund Ihrer Anfrage zur Leistungsänderung auch die bisher beauftragte Leistung nicht ausführen können. Wir benötigen deshalb Ihre Rückäußerung bis zum angegebenen Termin, damit ein störungsfreier Bauablauf gewährleistet ist. Das betrifft auch den Fall, wenn Sie die Leistungsänderung nicht beauftragen wollen und die Leistung wie ursprünglich beauftragt ausgeführt werden soll.

Fortsetzung auf Folgeseite

Für diese Auftragsänderung steht Ihnen ein Widerrufsrecht zu.
Bitte entscheiden Sie bei Auftragserteilung, ob wir ggf. bereits innerhalb der Widerrufsfrist mit unseren Arbeiten beginnen sollen. In Kenntnis des Widerrufsrechtes wäre bei

- vollständiger Erfüllung dieses Zusatzauftrages durch den Auftragnehmer Ihr Widerrufsrecht verloren,
- einem Widerruf während der Ausführung ein Wertersatz (Zahlung) für die anteilig erbrachte Leistung zu leisten.

....
...

1. Verzicht auf Leistungsänderung:
Nach Prüfung Ihres Angebotes zur Leistungsänderung verzichten wir auf diese und bitten, die Leistung wie ursprünglich vorgesehen auszuführen. ***(wenn sie hier unterschreiben, entfällt der folgende Teil!)***

____

(Ort und Datum) (Unterschrift Auftraggeber)

2. Auftrag:
Hiermit beauftragen wir die o.a. Änderung der Leistung. ***(alternativ zu Punkt 1.)***

____

(Ort und Datum) (Unterschrift Auftraggeber)

□ In Kenntnis der ergänzenden Widerrufsbelehrung verlange ich ausdrücklich, dass der Unternehmer mit seiner Leistung bereits vor Ablauf der Widerrufsfrist beginnt. Mir ist bekannt, dass ich bei

- vollständiger Vertragserfüllung durch den Auftragnehmer mein Widerrufsrecht verliere,
- einem Widerruf während der Ausführung Wertersatz (Zahlung) für die anteilig erbrachte Leistung zu leisten habe.

____

(Ort und Datum) (Unterschrift Auftraggeber)

10 Handlungen des Architekten und die daraus entstehenden Konsequenzen

Viel Streit gibt es regelmäßig, wenn der Bauunternehmer darauf vertraut, dass die Anweisungen des Architekten dem Willen des Bauherrn entsprechen und später der Bauherr die Anweisungen (und insbesondere die Kostenwirkungen) nicht akzeptiert. Obwohl der Bauunternehmer wissen muss, dass der Architekt in Deutschland im Regelfall keine Vollmacht hat, Anweisungen zu erteilen, die Kostenerhöhungen oder Bauzeitverlängerungen zur Folge haben, wird häufig den Anweisungen gefolgt, um keine zusätzlichen Spannungen entstehen zu lassen. Weigert sich später der Bauherr, eine ausgeführte Leistung zu bezahlen, ist der Bauunternehmer nicht schutzlos. Nach der im folgenden Bild dargestellten Vorgehensweise kann ein Schuldverhältnis des Architekten gegenüber dem Bauunternehmer entstehen.

Aus der Rechtsprechung (nach IBR)

Erteilt ein vollmachtloser Architekt einen Auftrag, so kommt es zwischen dem Unternehmer und dem Bauherrn zu vertraglichen Beziehungen nach den Grundsätzen der Duldungsvollmacht, wenn der Bauherr mehrere Abschlagsrechnungen des Unternehmers bezahlt.
OLG Dresden, Urteil vom 21.05.1997 - 18 U 2819/96BGH, Beschluss vom 20.08.1998 - VII ZR 200/97

Der Prüfvermerk eines Architekten auf der Rechnung eines Unternehmers ist eine Wissenserklärung des Architekten seinem Auftraggeber gegenüber, dass die Rechnung fachlich und rechnerisch richtig ist. Der Prüfvermerk ist in der Regel keine rechtsgeschäftliche Erklärung des Architekten namens seines Auftraggebers Dritten gegenüber.
BGH, Urteil vom 06.12.2001 - VII ZR 241/00;

---

1. Der Bauleiter oder Architekt ist nicht kraft Amtes dazu bevollmächtigt, für den Auftraggeber Verträge zu schließen und Vergütungsvereinbarungen zu treffen.
2. Der Auftraggeber muss sich jedoch das Handeln seines vollmachtlosen Vertreters zurechnen lassen, wenn der Bauleiter oder Architekt während des gesamten Bauvorhabens gegenüber dem Auftragnehmer Anweisungen und (Zusatz-)Aufträge erteilt bzw. getroffen hat und der Auftraggeber dies hätte erkennen können.
3. Haben sich die Parteien eines VOB-Vertrags einvernehmlich auf eine Leistungsänderung verständigt, aber keine Vergütungsvereinbarung getroffen, findet der Grundsatz "guter Preis bleibt guter Preis und schlechter Preis bleibt schlechter Preis" keine Anwendung. Die Höhe der Vergütung ist vorrangig im Wege der ergänzenden Vertragsauslegung zu ermitteln.

OLG Karlsruhe, Urteil vom 07.12.2015 - 13 U 110/13; BGH, Beschluss vom 24.01.2018 - VII ZR 7/16

---

1. Der Architekt handelt mit Anscheinsvollmacht, wenn der Bauherr dem Architekten allein die Vertragsverhandlungen mit dem Bauunternehmer überlässt und dem Architekten völlig freie Hand bei der Durchführung des Bauvorhabens lässt, ohne sich selbst um den Bau zu kümmern.
2. Wird der Architekt bei Abschluss des Bauvertrags in Vollmacht des Bauherrn selbständig tätig, ergibt sich daraus eine Anscheinsvollmacht des Architekten für die Erteilung von Nachtragsaufträgen

OLG Köln, Urteil vom 20.12.2017 - 11 U 112/15

Eine Duldungsvollmacht liegt vor, wenn es der Vertretene (hier: der Bauherr) wissentlich geschehen lässt, dass ein anderer (hier: der bauleitende Architekt) für ihn wie ein Vertreter auftritt und der Geschäftsgegner (hier: der Auftragnehmer) dieses Dulden nach Treu und Glauben dahin versteht und auch verstehen darf, dass der als Vertreter Handelnde bevollmächtigt ist.
OLG Karlsruhe, Urteil vom 23.03.2010 - 8 U 43/09; BGH, Beschluss vom 29.09.2011 - VII ZR 64/10

Haftung des Architekten und daraus abzuleitendes Schuldverhältnis

BGB § 311 Rechtsgeschäftliche und rechtsgeschäftsähnliche Schuldverhältnisse

(1) Zur Begründung eines Schuldverhältnisses durch Rechtsgeschäft sowie zur Änderung des Inhalts eines Schuldverhältnisses ist ein Vertrag zwischen den Beteiligten erforderlich, soweit nicht das Gesetz ein anderes vorschreibt.
(2) Ein Schuldverhältnis mit Pflichten nach § 241 Abs. 2 entsteht auch durch
*1. **die Aufnahme von Vertragsverhandlungen,***
*2. **die Anbahnung eines Vertrages**, bei welcher der eine Teil im Hinblick auf eine etwaige rechtsgeschäftliche Beziehung dem **anderen Teil die Möglichkeit zur Einwirkung auf seine Rechte, Rechtsgüter und Interessen gewährt oder ihm diese anvertraut,** oder*
3. ähnliche geschäftliche Kontakte.
*(3) Ein Schuldverhältnis mit Pflichten nach § 241 Abs. 2 kann **auch zu Personen entstehen, die nicht selbst Vertragspartei werden sollen. Ein solches Schuldverhältnis entsteht insbesondere, wenn der Dritte in besonderem Maße Vertrauen für sich in Anspruch nimmt** und dadurch die Vertragsverhandlungen oder den Vertragsschluss erheblich beeinflusst.*

§ 241 Pflichten aus dem Schuldverhältnis	***§ 307 Inhaltskontrolle***	***§ 632 Vergütung***
Abs. 2 *Das Schuldverhältnis kann nach seinem Inhalt jeden Teil zur Rücksicht auf die Rechte, Rechtsgüter und Interessen der anderen Teils verpflichten.*	*(1) Bestimmungen in Allgemeinen Geschäftsbedingungen sind unwirksam, wenn sie den Vertragspartner des Verwenders entgegen den Geboten von Treu und Glauben unangemessen benachteiligen. Eine unangemessene Benachteiligung kann sich auch daraus ergeben, dass die Bestimmung nicht klar und verständlich ist.*	*(1) Eine Vergütung gilt als stillschweigend vereinbart, wenn die Herstellung des Werkes den Umständen nach nur gegen eine Vergütung zu erwarten ist.* *(2) Ist die Höhe der Vergütung nicht bestimmt, so ist bei dem Bestehen einer Taxe die taxmäßige Vergütung, in Ermangelung einer Taxe die übliche Vergütung als vereinbart anzusehen.*

▼

§ 280 Schadensersatz wegen Pflichtverletzung

(1) Verletzt der Schuldner eine Pflicht aus dem Schuldverhältnis, so kann der Gläubiger Ersatz des hierdurch entstehenden Schadens verlangen. Dies gilt nicht, wenn der Schuldner die Pflichtverletzung nicht zu vertreten hat.

►

§ 284 Ersatz vergeblicher Aufwendungen

Anstelle des Schadensersatzes statt der Leistung kann der Gläubiger Ersatz der Aufwendungen verlangen, die er im Vertrauen auf den Erhalt der Leistung gemacht hat und billigerweise machen durfte, es sei denn, deren Zweck wäre auch ohne die Pflichtverletzung des Schuldners nicht erreicht worden.

Literatur (Auswahl)

(Entgegen üblichen Zitiervorschriften enthält das folgende Literaturverzeichnis keine Jahresangaben bzw. Auflagennummern. Für das Selbststudium und die Anwendung in der Praxis ist möglichst immer die letzte Auflage, bzw. die Auflage, die sich auf den Vertragsabschluss bezieht, zu nutzen. Deshalb sind hier häufig keine Jahreszahlen angegeben. Im Zweifel ist immer ein im Baurecht erfahrener Rechtsanwalt zu konsultieren.)

Gesetzesmaterialien und Regelwerke zum deutschen Vergaberecht

- Verdingungsordnung für Leistungen (VOL)
- Verdingungsordnung für freiberufliche Leistungen (VOF)
- Vergabe- und Vertragsordnung für Bauleistungen (VOB)
- Vergabehandbuch des Bundes

Quellen und weiterführende Literatur

1. Bauer,H.: Baubetrieb , Berlin + Heidelberg: Springer Verlag
2. Breuninger, Bernhard: Prozesskostenmanagement in Bauunternehmen; Wiesbaden;
3. Bürgerliches Gesetzbuch (BGB)
4. Drittler, Matthias: Nachträge und Nachtragsprüfung. Werner Verlag 2013
5. Frikell, E.; Hofmann, O.; Die VOB in Formularen, Stamsried
6. VOB/B – Beck´scher VOB-Kommentar; Hrsg. Ganten u.a. München
7. Genschow, Claus; Stelter, Oliver: Störungen im Bauablauf, Köln
8. Glatzel, L.; Hofmann,O.; Frikell E. Unwirksame Bauvertragsklauseln nach dem AGB-Gesetz, Stamsried (ab 10. Auflage nutzen)
9. Gralla, Mike: Baubetriebslehre – Bauprozessmanagement, Köln 2011
10. Greiner, Peter u.a.: Baubetriebslehre – Projektmanagement; Braunschweig
11. Heiermann, W.; Riedl, R.; Rusam, M.; Handkommentar zur VOB, Wiesbaden und Berlin
12. Hofmann, O.; Koppmann, W.; Die neue Bauhandwerkersicherung, Stamsried
13. IBR, Immobilien- & Baurecht, Zeitschrift, Mannheim, id-Verlags GmbH (als Quelle für die zitierten Urteile)
14. Kapellmann, K. D.; Schiffers K.-H. Vergütung, Nachträge und Behinderungsfolgen beim Bauvertrag (Bd. 1 + 2), Düsseldorf
15. Kniffka (Hrsg.), IBR-online.Kommentar Bauvertragsrecht
16. Koß, Erich; Herkömmlich bauen - Rationell bauen, Frankfurt 1994
17. Lang, Andreas; Ein Verfahren zur Bewertung von Bauablaufstörungen und zur Projektsteuerung, Düsseldorf 1988
18. Lehmann; Praktische Arbeitsphysiologie, Stuttgart, 1962
19. Leitfaden zur Vergütung bei Nachträgen im Vergabehandbuch des Bundes und der Länder
20. Locher, H.; Das private Baurecht, München
21. Management Zentrum St. Gallen (MZSG), Seminarunterlagen der Management Summer School
22. Nagel, Ulrich; Baustellenmanagement, Berlin
23. Nagel, U. u.a.: Baustellenorganisation, Berlin: Cornelsen-Verlag
24. Nagel, Ulrich, Forderungen sichern und durchsetzen, Bauwerk – Verlag / Beuth
25. Nagel, Ulrich; Bauen ist eine Lust, Sprüche, Gedichte, Lieder und Bräuche vom Bauen, Beuth – Verlag
26. Pfarr, Karlheinz ; Grundlagen der Bauwirtschaft, Essen
27. Quack, F.; Grundlagen des privaten Baurechts, Köln
28. Rodde, Nina; u.a. Gemeinkosten in vertraglicher Mehrleistung und Bauzeitennachtrag-Doppelvergütungsrisiko für den Bauherrn; ZfBR, Juli 2005;

29. Schottke, Ralf: Baubetriebswirtschaft und Baurecht; Vergütungsanspruch und Nachtragskalkulation, Neustadt, 2009
30. Seifert, Werner; Praxis des Baukostenmanagements für Architekten, Ingenieure und Bauherren, Düsseldorf 2001
31. Speer, U.: Bauaufträge mit Gewinn, Köln: R. Müller – Verlag
32. Bauleitung und Projektmanagement für Architekten und Ingenieure, Herausgeber: Rösch, Wolfgang, Augsburg 1996
33. Vergabe- und Vertragsordnung für Bauleistungen; Beck-Texte, München
34. Vergaberecht, Beck – Texte im dtv
35. Vygen, Klaus u.a. Bauverzögerung und Leistungsänderung, Köln 2011
36. Wirth, Axel; Handbuch der Vertragsgestaltung, Vertragsabwicklung und Prozessführung im privaten und öffentlichen Baurecht; Düsseldorf
37. Zentralverb. des dt. Baugewerbes, BAUORG, Unternehmerhandbuch für Bauorganisation, Berlin

Diese Reihe umfasst die Bücher

- **Nachtragsmanagement in Bauprojekten -Teil 1**
  Nachträge begründen und das zutreffende Vergütungsniveau bestimmen
  ISBN: 978-3-6963-5351-3

- **Nachtragsmanagement in Bauprojekten – Teil 2**
  Nachtragsvergütung für den Bauinhalt bestimmen
  ISBN: 978-3-6963-7309-2

- **Nachtragsmanagement in Bauprojekten Teil 3:**
  „Bauzeitnachträge" - Nachtragsforderungen aus Behinderung und Beschleunigung der Arbeiten
  ISBN: 978-3-6963-5689-7

Abkürzungen und Worterläuterungen

AG	Auftraggeber
AGB	Allgemeine Geschäftsbedingungen Das Recht der Allgemeinen Geschäftsbedingungen ist im BGB in den Paragrafen 305 ff. geregelt. Die jeweils aktuelle Fassung ist im Internet unter www.gesetze-im-internet.de/bgb zu finden.
AGK	Allgemeine Geschäftskosten
AN	Auftragnehmer
AZ	Abschlagszahlung
Bauinhalt	was gebaut werden soll
Bau-Ist	tatsächlich ausgeführter Bauinhalt und eingetretene Bauumstände
Bau-Soll	(zunächst) vertraglich fixierter Bauinhalt und Bauumstände
Bauumstände	unter welchen Bedingungen gebaut werden soll
BE	Baustelleneinrichtung
BG	Berufsgenossenschaft
BGB	Bürgerliches Gesetzbuch Die jeweils aktuelle Fassung ist im Internet unter www.gesetze-im-internet.de/bgb zu finden
BGK	Baustellengemeinkosten
Bindefrist	Frist in der sich der Auftragnehmer an sein Angebot gebunden fühlt; bei Ausschreibungen nach VOB/A gleich der Zuschlagsfrist
DVO	Durchführungsverordnung
EFB	Einheitliche Formblätter im Teil III des Vergabehandbuches
EKT	Einzelkosten der Teilleistung
EP	Einheitspreis (Preis je Mengeneinheit)
FoSiG	Forderungssicherungsgesetz
GMP	Garantierter Maximalpreis
GP	Gesamtpreis; Der Gesamtpreis je Position ergibt sich aus der Multiplikation der Menge mit dem Einheitspreis
KBS	Kaufmännisches Bestätigungsschreiben
KT	Kalendertage
LBO	Landesbauordnung
LV	Leistungsverzeichnis
MA	Mitarbeiter
UVV	Unfallverhütungsvorschrift
Verbraucher	Der Begriff ist im § 13 BGB wie folgt definiert: *Verbraucher* *Verbraucher ist jede natürliche Person, die ein Rechtsgeschäft zu Zwecken abschließt, die überwiegend weder ihrer gewerblichen noch ihrer beruflichen Tätigkeit zugerechnet werden können.*
VHB	Vergabehandbuch für die Durchführung von Bauaufgaben des Bundes im Zuständigkeitsbereich der Finanzbauverwaltungen. Im Internet kostenlos einsehbar.
VOB/A	Vergabe- und Vertragsordnung für Bauleistungen / Teil A: Allgemeine Bestimmungen für die Vergabe von Bauleistungen

VOB/B	Vergabe- und Vertragsordnung für Bauleistungen / Teil B: Allgemeine Vertragsbedingungen für die Ausführung von Bauleistungen
VOB/C	Vergabe- und Vertragsordnung für Bauleistungen / Teil C: Allgemeine Technische Vertragsbedingungen für Bauleistungen
W + G	Wagnis und Gewinn
WT	Werktage
Zuschlagsfrist	Frist in der der Auftraggeber den Auftrag erteilt. So lange muss sich der AN an sein Angebot binden

Passend zum Thema eine Buchempfehlung für Sie und Ihre Bauherren:

Bauen ist eine Lust...: Sprüche, Gedichte, Lieder und Bräuche vom Bauen zusammengetragen, sortiert und zusammengebaut von Ulrich Nagel

ISBN 978-3-410-21145-7

15,80 €

Verlag: DIN Media

Ob Grundsteinlegung, Richtfest oder Einweihung: Dieses Büchlein verleiht jeder Rede, jedem Gruß und jedem Fest - mit Witz und Weisheiten rund ums Bauen - den letzten Schliff, denn "ohne Winkel lässt sich kein Haus bauen - ohne Sprichwort keine Rede halten". Bräuche, Richtsprüche, Gedichte und Lieder vom Bauen sind in diesem Band festgehalten und humorvoll illustriert. Jeder Baufreund wird mit diesem auch bestens zum Verschenken geeigneten Titel garantiert auf seine Kosten kommen.